《中国环保产业发展指数构建研究报告 2016》

编 委 会

公益性行业科研专项经费项目资助——环保产业发展模式分析及绩效性指标体系设计(201209055)

环保产业及其发展分析丛书

中国环保产业发展指数构建研究报告2016

Research Report on Construction of China's Environmental Protection Industry Development Index 2016

李宝娟　张雪花　滕建礼　著

中国环境出版集团·北京

图书在版编目（CIP）数据

中国环保产业发展指数构建研究报告 2016/李宝娟等著.
—北京：中国环境出版集团，2017.12
ISBN 978-7-5111-3482-0

Ⅰ. ①中… Ⅱ. ①李… Ⅲ. ①环保产业—产业发展—指数—研究报告—中国—2016 Ⅳ. ①X324.2

中国版本图书馆 CIP 数据核字（2017）第 325340 号

出 版 人 武德凯
责任编辑 陈金华
责任校对 任 丽
封面设计 彭 杉

出版发行 中国环境出版集团
（100062 北京市东城区广渠门内大街 16 号）
网　　址：http://www.cesp.com.cn
电子邮箱：bjgl@cesp.com.cn
联系电话：010-67112765（编辑管理部）
010-67113412（第二分社）
发行热线：010-67125803，010-67113405（传真）

印　　刷 北京中科印刷有限公司
经　　销 各地新华书店
版　　次 2018 年 8 月第 1 版
印　　次 2018 年 8 月第 1 次印刷
开　　本 787×1092 1/16
印　　张 12.25
字　　数 235 千字
定　　价 50.00 元

中国环境保护产业协会

China Association of Environmental Protection Industry

天津工业大学环境经济研究所

Department of Environmental Economics, Tianjin Polytechnic University

序　言

随着经济的快速发展和人们对美好生活的不懈追求，环境保护的重要性日益凸显，为环保工作提供技术和物质基础的环保产业受到了政府、企业和公众的普遍重视。《国民经济和社会发展第十三个五年规划纲要》提出“发展绿色环保产业，扩大环保产品和服务供给”，2016 年政府工作报告提出“把节能环保产业打造成新兴的支柱产业”，习近平总书记在党的十九大报告中指出“壮大节能环保产业、清洁生产产业、清洁能源产业”。从“十二五”战略性新兴产业至“十三五”的新兴支柱产业，环保产业在防治环境污染、改善生态环境和推动绿色发展中被寄予厚望。

正确研判环保产业的发展形势，可以为政府和企业的决策提供科学参考，有助于环保产业的健康发展和更好地完成上述使命。发展指数是反映产业发展情况的直观指标，在这方面环保产业有其特殊性。首先，环保产业是新兴产业，其成长规律及主要影响因素还需在实践中不断探索和丰富；其次，环保产业是一个综合性产业，既涉及环保设备的生产，又提供生态环境治理服务，因此兼具生产业和服务业的特性，如何将这两种不同的特性在环保产业发展指数中兼顾，也是指数构建必须解决的难题；最后，环保产业具有一定的公共属性，其生产和服务过程会产生显著的正外部性，为了使这些正的外部性产出达到社会最优，政策扶持必不可少，这就需要在指数测评中充分体现政策因素的影响，然而政策影响很难量化，如何处理是个难题。

目前，环保产业发展指数构建与测评在我国尚无先例，国际上也没有，因此这是一项具有挑战性的工作。2016 年初，中国环境保护产业协会和天津工业大学环境经济研究所共同组建了一支环保产业发展指数攻关小组，成效卓著。他们的研究切入点很准确，首先分析我国环保产业的发展特征，然后依据产业特征进行发展指数指标体系的构建和具体指标的遴选，最后提出主客观相结合的指数合成方法并进行实证。

本书提出的环保产业发展指数包含 4 个一级指标——产业发展基础、产业发展环境、产业发展能力和产业环保贡献。其中，发展基础的二级指标包括产业规模和产业结构两项，在产业规模表征指标的选取中充分考虑了环保产业的综合性，既有生产性和服务性产业的共性指标（如营业收入），也有其各自的代表性指标（如资产总计和从业人员）。产业发展能力的二级指标，除了营运能力之外，还有技术创新能力、投资能力、融资能力和国际竞争能力，这种设计充分体现了环保产业的新兴产业特征，可以更好地表现创新、投资和融资对产业发展的作用及走势，也为国际竞争力作用的提升预留了入口。产业发展环境指标包含经济因素、政策因素和市场因素 3 个方面，涵盖了宏观、中观和微观的主要外部影响，其中政策因素以社会环保投资加以表征，这种处理方式使原本难于量化的问题可以量化，增加了评价的准确性。

本书关于指标权重的设计，采取了主客观相结合的方法，值得肯定。众所周知，依靠数据间的统计学联系来确定分指标权重看似客观，但有时这种联系并非实际系统中指标间的真实关系。此外，这种赋权方式完全依赖于调查数据，当样本及数据发生变化时，指标权重也会随之发生变化，即很难保证同一指标在不同年度、不同细分领域和不同地区会得到相同的权重，这样一来，环保产业发展指数年际之间、细分领域之间和区域之间就很难比较。而以调查问卷为基础的专家咨询法，不管后期用什么方式进行问卷结果的处理，指标权重的确定都会受专家主观意愿的影响，对于环保产业这一新兴产业，很难保证专家的认识没有偏差。攻关小组关于指标权重的确定很细致，先是采用熵权法进行分指标的统计关联分析，然后再采用专家咨询与层次分析相结合的方法研究分指标权重。我和生态环境部、中国环境保护产业协会以及许多相关部门的同志和企业家都参加了往复三轮的问卷调查。得知数据统计关联性分析与专家问卷调查结果基本一致，很令人高兴，指标权重的主客观判断方向一致，说明对事物的认识基本正确，如此确权的可信度和稳定性都比较好。

本书的另一个亮点是实证部分，他们不仅做了重点调查企业样本集的环保产业发展指数测评，还做了环保上市公司样本集的产业发展指数测评。两个样本集测评结果的比较，既有合乎常理的、在我们意料之中的结论，也有超出我们的直觉结论。

虽然受数据质量及可获取性的限制，环保产业的环保贡献在环保产业发展指数的实际测评中并未纳入，但该书的最后部分仍然对该项指标的具体测评方法进行了详细的介绍。本书采用“全碳”的测算方法，即把环保产业生产及服务过程中的不同种类的能源消耗和污染减排都转换为太阳能值，再建立其与碳排放或碳减排的联系，进而测评环保产业对环境保护的净贡献。这种方法很新颖，是非常有意义的探索。没有人工赋权的干扰，把自然科学的能值理论与方法应用于环保产业的环保净贡献的计算，这种归一化为“碳”的处理方式科学而客观，便于对不同年度、不同细分领域的环保产业环保净贡献的比较，也方便多种经营企业环保贡献的整体测算及企业间的比较。

其实，书中提出的环保产业的环保贡献测评方法很有意义，不仅限于环保产业发展指数的测算。众所周知，环保产业的环保贡献具有一定正外部性，在资源环境市场尚不健全的情况下，环保产业的正外部性产出需要通过产业政策的激励才能达到社会最优。可以说，产业政策是政府代表能够从外部性中受益的社会人对正外部性补偿的一种合理方式，其目的是实现社会效益最优和民生福利的最大化。环保产业的环保贡献测评可以为产业政策的制定提供依据。

这项研究成果是理论与实践相结合的结晶，这部书的出版填补了我国环保产业发展指数的空白，也为今后环保产业发展态势的研判提供了一种规范的方法。希望相关指标能够尽快列入我国环保产业的常态化统计，也希望这个攻关小组能够在此领域持续研究，不断积累，成果更多，走得更远。

2018 年 6 月 26 日

目　录

第二部分 中国环保产业发展指数测评 2015 ——以重点调查企业为样本

第三部分 中国环保产业发展指数测评 2015 ——以上市公司为样本

第四部分 环保产业环境贡献核算

第一部分
理论与方法[①]

环保产业作为一个战略性新兴产业，除了具有一般产业的新兴产业的共性，还具有正的社会外部性、政策引导性、跨界综合性以及新兴产业特性等不同于一般产业的特殊性。环保产业发展指数构建在国内外尚属于首例，没有可借鉴的成功经验，需要从一般产业发展指数构成的共性和环保产业自身的特殊性分析入手，寻找产业指数构成的理论依据和指标遴选范围。

为此，本部分首先从环保产业概念解析和特征分析入手，构建环保产业发展指数的基础理论框架，并对相关指数及其评价方法进行系统梳理与借鉴，此即为第 2 章内容；然后，立足于环保产业的四大特性，遵循系统性、代表性、可操作性和先进性等原则，从发展基础、发展环境和发展能力 3 个方面，研究构建环保产业发展指数指标体系，此即为第 3 章内容；最后，依据环保产业指数测算的需求，进行指数测算涉及指标无量纲化、分指标权重设置和指数合成等方法的筛选，并最终确定采用比值法进行环保产业发展指数各具体指标的去量纲处理，采用基于专家问卷调查的层次分析法进行分指标赋权，采用综合指数进行环保产业发展指数的测算，此即为第 4 章内容。

① 本书所涉及的企业及相关数据仅限我国境内，不含港、澳、台地区。

第 1 章 绪 论

1.1 研究背景与意义

1.1.1 研究背景

生态环境是人类生活和进行生产活动的场所，是人类生存和发展的基础。自 20 世纪中期以来，随着人类经济建设和社会各项事业的快速发展，环境问题日益突出，环境污染和生态破坏严重，并呈现进一步恶化的趋势，环保产业应运而生。环保产业最先在西方发达国家出现，形成了以末端治理为中心的环保产业市场，经过几十年的发展，使得环境污染得到控制、生态环境得到改善，环保产业的增长速度超过了 GDP 的增长速度，进入了快速发展阶段。

同发达国家一样，自 20 世纪中期开始，中国也面临着各种各样的环境问题，环境的恶化造成许多方面的不良后果，环境问题制约着我国现代化建设。70 年代，中国的环境保护事业开始发展起来，中国环保产业也随之萌生和发展，为环境保护事业提供了有力的物质和技术支撑，对于促进经济社会与资源环境的协调发展和改善人们的生存条件发挥着重要的作用。

近年来，随着我国经济快速持续地发展以及城镇化建设的加快，生态环境和资源的压力也越来越大，国家更为重视环保产业的发展。2010 年 9 月 8 日，国务院审议通过《国务院关于加快培育和发展战略性新兴产业的决定》，将环保产业列为七大战略性新兴产业之首。《中共中央关于制定国民经济和社会发展第十三个五年规划的建议》（2016—2020 年）明确指出：发展绿色环保产业，培育服务主体，推广节能环保产品，支持技术装备和服务模式创新，完善政策机制，促进节能环保产业发展壮大。李克强总理在 2016

年《政府工作报告》中明确提出：要把节能环保产业培育成我国发展的一大支柱产业。《“十三五”节能环保产业发展规划》要求，到 2020 年，节能环保产业增加值应达到全国 GDP 的 3%。国务院印发的《“十三五”国家战略性新兴产业发展规划》提出：到 2020 年，先进环保产业产值规模力争超过 2 万亿元。由“十二五”战略性新兴产业至“十三五”的新兴支柱产业，环保产业在拉动经济增长、支撑环境污染防治、改善生态环境质量和绿色低碳发展中被寄予了厚望。

目前我国的环保产业已经具备了一定的规模，但同发达国家相比仍有很大的差距。正确认识环保产业的发展水平和发展趋势，可以为政府和企业的相关决策提供科学参考和依据，对于其他相关产业的发展分析也具参考意义。

1.1.2 研究目标与拟解决的关键问题

1.1.2.1 构建环保产业发展指标体系

以环境经济学、产业经济学、可持续发展和生态文明建设理论为基础，结合当前环保产业发展实践及产业特征，参考具有一定相似性的产业发展指数的研究成果及环保产业发展评价相关研究成果，构建环保产业发展指数指标体系。本项研究拟解决的关键问题：如何在环保产业发展指数指标体系中恰当体现环保产业特征。

1.1.2.2 研究提出环保产业发展指数测评方法

从产业发展指数的性质和作用出发，参考人类发展指数、环境绩效指数、宏观经济发展指数和具有一定相似性的产业发展指数等测算方法，包括单项指标的标准化处理、分指标权重的确定及综合指数的合成等。通过比较分析与筛选，研究提出适合环保产业发展评价需求的产业发展指数测评方法。本项研究拟解决的关键问题：所提出的环保产业发展指数测算方法，如何做到既考虑相关领域专家的意见，又客观全面。

1.1.2.3 环保产业发展的环境效益评估方法探索

以能值理论与碳核算为基础，研究探索基于能值的资源环境要素量纲归一化方法和基于碳核算的环境效益评估方法，评估环保产业的环境效益。本项研究拟解决的关键问题：探索提出环保产业发展环境贡献核算的量纲归一化方法。

1.1.2.4　产业发展指数软件包开发

由于目前缺少计算这些指数的计算机程序，编制了相对应的软件包，对所构建的环保产业发展指数实现计算自动化。本项研究拟解决的关键问题：合理设计调研数据与计算机接口，力求指数测算准确快捷。

1.1.3　研究意义

本书构建的环保产业发展指数旨在反映考察期内环保产业的整体变动方向和变化程度，分析环保产业主要构成要素对其整体发展方向和变化程度的影响。通过长期的数据积累和系统分析，还可以进一步研究环保产业各生产要素在产业产出中的贡献率及要素配置的合理性，以及环保产业作为新兴支柱产业在经济发展中的带动作用及变化趋势。

1.2　研究思路与基本框架

1.2.1　研究思路

本书在理论分析的基础上，参考国内外相关研究成果，针对环保产业特征和发展评价需求，研究构建环保产业发展指数指标体系，并开发相应的指数测评方法。以此为基础，以 2015 年我国沪深 A 股环保上市公司（共 90 家）为样本，进行产业发展指数测算，通过评价与分析，进一步完善指标体系与评价方法。以上述理论研究和应用研究为基础，进行我国境内（不含港、澳、台地区）环保领域 331 家重点调查企业的产业发展指数测算。通过测算结果分析，评估我国环保产业发展态势。

与此同时，探索环保产业发展对环境保护贡献的量化测算方法，以正确评估产业发展的正的外部性。

1.2.2　基本框架

本研究共分为四部分：第一部分是理论与方法，具体包括研究背景、目的及拟解决的关键问题、环保产业发展指数评述、环保产业发展指数体系设计和测评方法研究四项内容；第二、第三部分为实践测评，第二部分是对我国 331 个重点调查企业 2015 年度产业发展指数的测评，第三部分是对我国沪深 A 股 90 家环保上市公司 2015 年度产业发展指数测评；第四部分是环保产业环境贡献核算部分。本研究的基本框架见图 1-1。

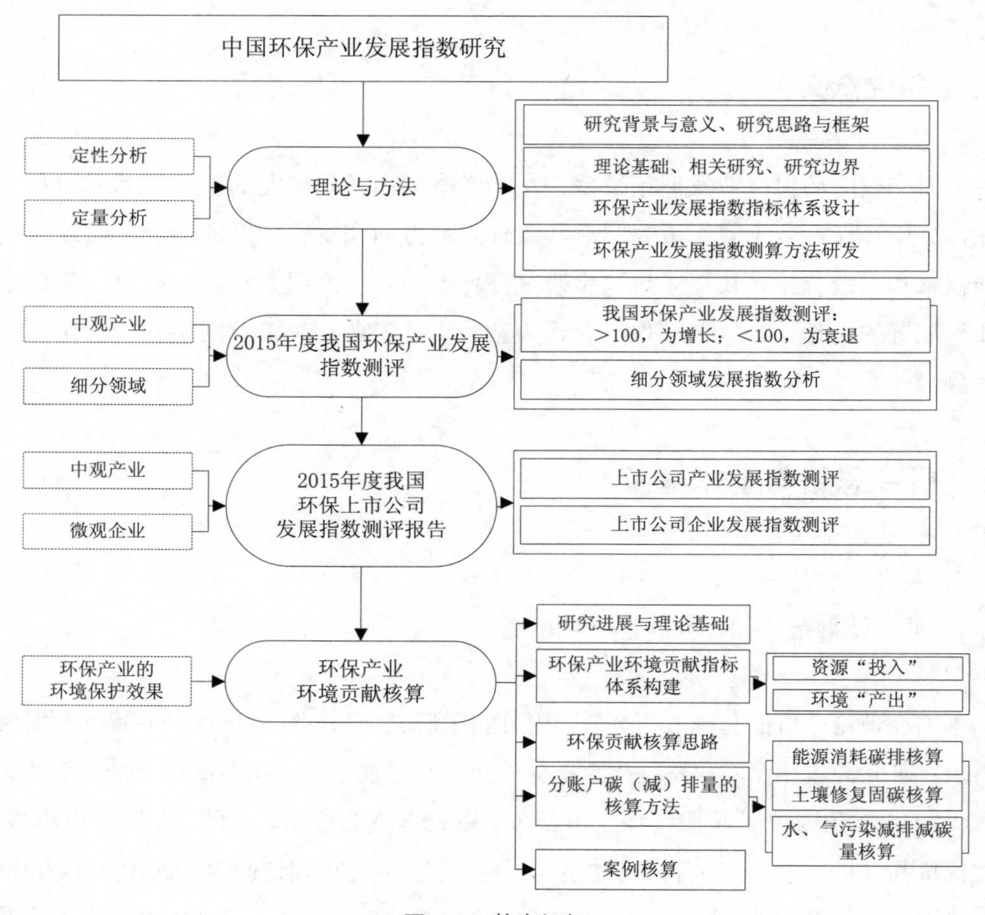

图 1-1 基本框架

第一部分为理论与方法部分　由第 1 章、第 2 章、第 3 章、第 4 章构成。第 1 章绪论，提出研究背景和研究目标，介绍本研究拟解决的关键问题及基本的研究思路与框架。第 2 章环保产业发展指数评述，介绍了环保产业的概念、理论基础和相关研究现状；并以上述为基础，界定研究的研究边界。第 3 章环保产业发展指数指标体系设计，针对环保产业特征，参考本产业及文化业、制造业、现代服务业和高新技术产业等相关产业发展指数的研究成果，构建涉及产业发展基础、产业发展环境和产业发展能力 3 个方面内容的环保产业发展指数指标体系。该指标体系包含 3 个一级指标、10 个二级指标和 26 个三级指标。第 4 章环保产业发展指数测算方法研究，①为体现环保产业发展的动态特征，在分析比较多指标无量纲化方法的基础上，本研究采用比值法对数据进行无量纲处理；②探索将定性与定量方法相结合，在分析比较综合指数的分指标赋权方法的基础上，本研究采用基于专家问卷咨询的层次分析法进行赋权，以期使指数测算既能够融入相关领域专家的意见，又能尽可能的客观全面。

第二部分为 2015 年度中国环保产业发展指数测评报告　由第 5 章、第 6 章和第 7 章构成。第 5 章根据 2014 年和 2015 年重点调查样本的数据，测算了 2015 年度中国环保产业发展指数；第 6 章是在产业发展指数测算的基础上，对水污染治理领域、大气污染治理领域、固废处理与资源化领域和环境监测领域 4 个细分领域的发展指数进行了比较分析；第 7 章是对重点调查企业和上市公司的发展情况进行比较，便于分析目前环保产业发展的态势。

第三部分为 2015 年度中国环保上市公司发展指数测评报告　由第 8 章和第 9 章构成。第 8 章在 2014—2015 年 90 家环保上市公司相关数据调研的基础上，测算我国沪深 A 股环保上市公司 2015 年度产业发展指数；第 9 章对上述 90 家公司进行企业发展指数测度并分析。由于上市公司的市场敏感性和政策敏感性都比较高，所以环保上市公司发展指数从某种程度上可以体现整个环保产业的发展态势。

第四部分为环保产业环境贡献核算部分　由第 10 章至第 15 章构成，其任务是考察环保产业在治理环境污染方面的产出。第 10 章评述国内外研究进展；第 11 章简述环保产业贡献核算的理论基础；第 12 章构建环保产业环境贡献指标体系；第 13 章提出环保贡献核算的整体思路；第 14 章进行分账户碳（减）排量的核算方法研究；第 15 章根据已有数据，进行典型环保企业的环保贡献核算。

第 2 章

环保产业发展指数评述

2.1 环保产业概念及特征分析

2.1.1 环保产业的概念

环保产业是国民经济结构中，以防治环境污染、改善生态环境、保护自然资源为目的所进行的技术开发、产品生产、商业流通、资源利用、信息服务、工程承包等活动的总称[①]。环保产业作为一个跨行业、跨领域和跨地域的产业，与其他经济部门广泛交叉与渗透，被誉为新兴产业。不同的国家及组织对环保产业的理解差异较大，在美国称为"环境产业"，在日本称为"生态产业"或"生态商务"。

由表 2-1 可知，不同国家及组织对环保产业的侧重及界定有所不同。既有从"狭义"的角度进行对环保产业的界定，如欧洲委员会和欧盟统计局；也有从"广义"的角度来看待和界定环保产业，如加拿大和日本；还有从"狭义"和"广义"两个层面释译环保产业的范围，如美国、中国、联合国和 OECD。

总体而言，狭义的环保产业是指在环境污染控制与减排、生态环境修复等方面提供产品和服务活动的产业，而广义的环保产业是指在国民经济结构中为环境污染防治、生态环境的保护和恢复、资源和能源的有效利用、满足人民环境需求以及为社会、经济可持续发展提供产品和服务的产业。

---

① 引自 1990 年 11 月 5 日国务院办公厅转发国务院环境保护委员会《关于积极发展环境保护产业若干意见的通知》（国办发〔1990〕64 号）。

表 2-1　不同组织及国家对环保产业的定义

加拿大	加拿大统计局明确指出，环保产业是指“在加拿大专业或兼业从事环保产品生产、环保服务提供以及环保关联建设活动的所有公司”，这些环保产品和服务是指可以用于或潜在用于测量、预防、限制或改善对水、空气、土壤的环境破坏（自然的或人为的行为）等问题的产品和服务，以及环境修复和废弃物资源化等产品和服务
美国	美国环境保护局系统地定义了美国环保产业，内容主要包括两个方面：①从“狭义”的角度来说，环保产业的基础是环保活动，主要是指它管理范围内的关于环境保护的活动；②从“广义”的角度来说，通过追踪成本法来确定环保产业，意思就是指因为执行环保法规从而承担相应成本的经营活动都属于环保产业
日本	2001 年，日本环境厅把环保产业定义为“潜在地有助于减轻环境压力的产业部门”。它包含使环境负担降低装置的开发与销售，对环境负担较小产品的开发与销售，环保服务业的开发及服务，有关强化公共设施的技术、设备及系统的开发与销售
中国	2004 年，国家环境保护总局将环保产业定义为“国民经济结构中为环境污染防治、生态保护与恢复、有效利用资源、满足人民环境需求，为社会、经济可持续发展提供产品和服务支持的产业。它不仅包括污染控制与减排、污染清理与废物处理等方面提供产品与技术服务的狭义内涵，还包括涉及产品生命周期过程中对环境友好的技术与产品、节能技术、生态设计及与环境相关的服务等”①
联合国	联合国的《综合环境经济核算 2003》指出环保产业由这样的活动组成：所生产的产品和服务用于水、空气和土壤环境损害以及与废弃物、噪声和生态系统有关的问题的测量、预防、限制，使之最小化或得到修正
OECD	OECD（Organization for Economic Co-operation and Development）对环保产业的定义有狭义和广义两种。狭义的界定认为，环保产业是为环境污染控制与减排、污染清理以及废弃物处理等方面提供设备和服务的行业，即所谓传统的环保产业或者说直接环保产业；而广义的界定则认为，环保产业既包括能够在测量、防治、限制及克服环境破坏等方面提供生产与服务的企业，也包括能够使污染排放和原材料消耗最小量化的清洁生产技术、产品和服务
欧洲委员会	欧洲委员会认为环保产业是由下述企业构成，这些企业生产的货物和服务用于水、空气和土壤环境损害以及与废弃物、噪声和生态系统有关问题的测量、预防、限制，使之最小化或得到修正

注：①2004 年全国环境保护相关产业状况公报。

由于不同国家对环保产业的定义不同，环保产业在各国的分类也有差异。拥有成熟市场的美国环保产业，按其构成分为环境服务、环保设备以及环境资源三大类。日本根据环保产业依托对象的不同，将环保产业分为两类：一类是以先进的工业技术为基础的技术系环境产业，包括污染防治技术、废物的适当处理、生物材料、环境调和型设施、清洁能源等；另一类是以社会、经济、人类行为为基础的人文系环境产业，包括环境咨询、环境影响评价、环境教育和情报信息服务、流通、金融和物流。2014 年 4 月，在环境保护部、国家发展和改革委员会和国家统计局联合发布的《2011 年全国环境保护相关产业状况公报》中，将环保产业的调查范围限定在环境保护产品、环境友好产品、资源循环利用产品生产经营和环境保护服务活动 4 个领域。中国环境保护产业协会在历年发布的《中国环境保护产业发展报告》[①]中，则将环保产业细分为 13 个行业，即水污染治理行业、电除尘行业、袋式除尘行业、脱硫脱硝行业、有机废气治理行业、固体废物处理利用行业、城市生活垃圾处理行业、噪声与振动控制行业、环境监测仪器行业、机动车污染防治行业、环境影响评价行业、循环经济行业和重金属防治与土壤修复行业。

本研究所界定的环保产业（重点企业调查）的范围是为防止、清除、监测水污染、大气污染、固体废物、土壤污染、噪声与振动污染等而发生的生产经营与服务活动及资源综合（循环）利用，尽量囊括所有经营范围，并且兼顾数据的可获取性及研究的科学性和时效性，将环保产业划分为 3 种经营类别、6 个领域（图 2-1）。

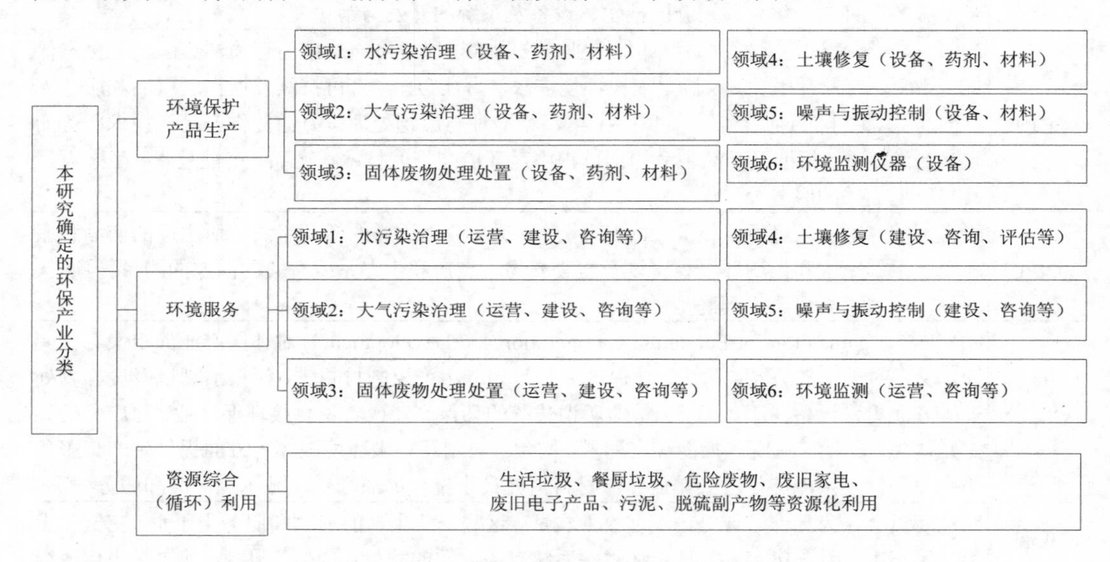

图 2-1　本研究所确定的环保产业分类

2.1.2　环保产业的特征分析

环保产业作为一个战略性新兴产业，与其他产业相比具有特殊性。

（1）环保产业具有一定的公共属性。与以纯粹逐利为目标的经济活动有所不同，环保产业发展的主要动力以及提供产品和服务的最终用途是削减环境污染，改善环境质量，因此具有正的社会外部性。

① 《中国环境保护产业发展报告》不含港、澳、台地区的数据。

高广阔、张永庆（2010）认为外部性有两个标志：①它们伴随生产或消费活动而产生；②它们或是积极的影响（正外部性）或是消极的影响（负外部性），二者必居其一。而上述两个标志，环保产业都具备。其一，随着宏观经济的发展，人们对更高层次的生活水平的需求，势必会增加社会生产的规模，同时也会加大对资源的使用，对环境也会造成压力，这就是生产对环境带来的负外部性；其二，环保产业的发展，改善生态环境，环境容量的增加，也为经济发展提供了条件，这就是环保产业对社会带来的正外部性。

（2）环保产业是典型的政策引导型产业，其发展受环境保护政策、标准、产业激励政策等影响显著。环境资源是一种公共产品，环保产品的使用具有正的外部效应，在市场经济中，作为理性经济人，每个消费者都有“免费搭车”的倾向。环保投入对企业来说是一种抵御性的支出，出于对自身成本与收益的考虑，企业没有主动增加环保投入的热情。这样，环保产业发展的初始驱动力就来自政府，受政府的环境法规驱动。只有政府制定环境标准及法令法规，或者通过公共环境设施的投入，将潜在的需求转化为实际的有效需求，才能公正地处理环境物品和服务的供应者和需求者的相互关系，从而打开环保产业的发展之门，形成环保产业特有的政府推动机制。这种政策因素是环保产业发展的首要驱动因素，也是环保产业与其他经济门类的显著区别所在。因此，环保产业是典型的政策引导型产业。

（3）环保产业是一个综合性产业，兼具生产业和服务业的特性，既涉及环保设备（产品）生产，又提供生态环境治理服务。环保产业自身产品与服务的提供内容在不同产业部门间有所差别，如对应第二产业的内容主要包括污染防治设备、环境监测仪器等，对应第三产业的则主要包括环保工程设计、施工及运营管理服务等。

（4）环保产业属于新兴产业，研发投入高，关键技术较难突破，具有高新技术产业的特性。环保产业涉及的内容广泛而复杂，污染治理过程本身也有着很大的难度，需要建立在先进的科学技术基础之上，这就使得环保产业的有效运行对环保技术有着很高的依赖性，具有高新技术属性。同时，环保产业的发展涉及大规模、高技术含量的专用设备的引入和维护，基础设施类项目还要在施工期内投入大量的建设资金，这就使得环保产业对资本要素的投入要求很高，属于资本密集型的产业。

2.2 环保产业发展的理论基础

与所有的新兴产业一样，环保产业的产生与发展具有一定的经济学理论基础。此外，环保产业的发展也是生态文明建设所需。

2.2.1 循环经济理论

循环经济是指在资源投入、产品生产与消费及其废弃的全过程中，把传统的依赖于资源消耗的线性增长经济，转变为依靠生态型资源循环来发展的经济，倡导在尽可能减少资源消耗和环境成本的基础上，获得更多的社会、经济效益，是传统经济模式的根本变革。循环经济的要义是“3R”原则，即资源利用的减量化（Reduce）、产品的再使用（Reuse）和废物的再循环（Recycle）。环保产业正是针对提高资源利用效率和保护生态环境所做的工作，因此循环经济理论中所提倡的新型经济增长方式，正是环保产业产生和发展的原因与动力。所以循环经济理论可以指导环保产业的发展，同时环保产业的高效运营也推动了循环经济的发展。

2.2.2 环境经济理论

环境经济学兴起于 20 世纪五六十年代，源于西方国家的污染导致一些学者对传统的经济发展的方式所产生的质疑，这种质疑促使他们试图从理论上寻找新的方法来指导经济的发展。环境经济学以新古典经济学和科斯经济学为理论基础，运用适当的工具对环境进行评估，实现资源的有效配置。在环境经济学中，资源的有效配置包括两个方面：①强调将环境推向市场，将环境作为市场的参与者，通过市场实现环境的有效利用，催生出适合这个市场的环保产业；②认为在资源有效配置的基础上，环保产业不论是对市场经济还是对环境都实现了效用最大，这也是后来提出的可持续发展思想的具体体现，即环保产业的发展对经济的可持续发展有促进作用，有助于实现经济资源和环境资源的有效配置及双赢。

2.2.3 可持续发展与生态文明建设

可持续发展是指在满足当代人发展需求的同时不损害子孙后代满足其发展需求能力的发展，而生态文明建设则是实现可持续发展的一种新的文明形态。生态文明是人类遵循人与自然和谐发展规律，推动社会、经济和文化发展所取得的物质与精神成果的总和，其内涵比较广泛。从广义角度讲，生态文明是相对于工业文明而言更高一级的人类文明形态，是人类文明史的一次重大飞跃。从狭义角度讲，生态文明是相对于物质文明、精神文明和政治文明而言的第四种文明形态，是建立在人类对人与自然和谐关系认识高度的进一步提升基础之上的。人类文明的发展史就是人与自然关系的发展史，无论从广义角度还是从狭义角度对生态文明内涵进行界定，均要求人类重新定义人与自然的关系，即“人与自然和谐共生”。这种和谐共生需要通过提高资源环境利用效率和减少污染排放量来实现，而资源利用能力和污染减排能力的提升都需要通过环保产业的大发展来实现，这也为环保产业的大发展提供了理论基础。

2.2.4　产业发展理论

可持续发展理论和环境经济学理论为环保产业的发展提供了理论导向，但在研究环保产业在经济中的重要地位与发展途径时，则需要以产业经济学为基础理论。产业经济学作为经济学的重要分支，是居于微观经济学和宏观经济学之间的一门中观经济学科。它阐述了产业生长、产业组织、产业结构、产业政策和产业关联等诸多方面的理论与研究方法，可以直接有效地指导环保产业的发展，也为环保产业发展指数的构建奠定了理论基础。总体而言，产业发展态势受产业发展基础、产业发展环境和产业发展潜力（或者说能力）3 个方面因素的影响，依据产业发展相关理论分述如下。

2.2.4.1　产业生命周期理论

产业生命周期理论来源于产品生命周期理论。一般认为，某一产业的存在是以其具有代表性的产品的存在所决定的，一般要经历形成期、成长期、成熟期和衰退（蜕变）期 4 个阶段。部分企业为避免淘汰必然开展技术创新，这种技术创新有可能重新开创一个崭新的产业生命周期，是产业的一种自我蜕变（图 2-2）。

产业处于不同生命周期阶段，呈现出不同特点。

（1）形成期。在形成期产业的进入壁垒较低，但竞争者数量不多，产业技术变革空间较大。虽然此时的产业规模较小，产品单一，但产品需求和市场增长较快。通常处于这一时期的产业被称为“朝阳产业”。

（2）成长期。在成长期竞争者数量增多，产业的进入壁垒提高，产品呈现多样化，产品需求和市场增长均较快，产业规模增长明显，产业因在国民经济中逐渐占据主导地位而成为主导产业。

（3）成熟期。在成熟期产业的进入壁垒较高，竞争者数量趋于稳定，产业技术已经成熟没有继续变革的空间。产品呈现无差异化，产品需求和市场增长较缓慢。此时的产业规模达到顶点，成为国民经济的支柱产业。

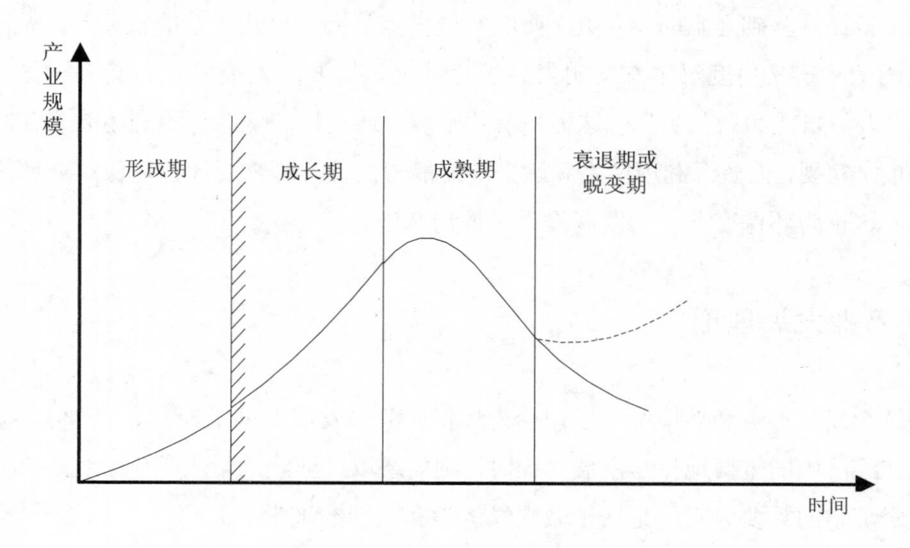

图 2-2　产业生命周期曲线示意图

（4）衰退（蜕变）期。在产业成熟期之后，产业的发展存在两种可能：一种可能是产业进入衰退期，常被称为夕阳产业，但很多产业往往衰而不退，或持续较长的衰退期；另一种可能是产业进入蜕变期，此时产业通过微观层面的企业技术革新开始了新的生命周期。

环保产业作为特定的产业，也具有一般产业的共性，也有产生阶段、成长阶段、成熟阶段和衰退阶段。当前，我国环保产业在 GDP 中的占比不足 3%，但年均增速远高于 GDP 平均增速，因此从目前的国情看，我国环保产业处于快速发展的成长期。这一时期的特点是参与竞争企业的数量增多，产业进入壁垒提高，产品需求量增长且细分市场需求日强，产业规模作为产业发展的重要基础作用显著且增长迅速。环保产业基本符合上述特征，因此产业规模应作为产业发展基础的重要指标列入环保产业发展指数之中。

2.2.4.2　产业组织理论

产业组织是同一产业内企业间的组织或者市场关系。1959 年，贝恩（Joe S. Bain）在《产业组织》一书中提出了现代产业组织理论的 3 个基本范畴——市场结构、企业行为和市场绩效，并创立了著名的“市场结构—市场行为—市场绩效”分析范式。如同产业经济学的产业组织理论一样，环保产业组织理论体系也包括上述 3 个基本范畴。此外，从整体上说环保产业是为其他经济部门活动提供生产或服务，因此宏观经济形势会对环保市场和环保产业组织产生重要影响，因此宏观经济景气程度应作为产业发展环境的重要指标列入环保产业发展指数之中。

2.2.4.3　产业结构理论

产业结构是指产业之间的相互联系和联系方式，产业结构理论主要研究产业结构的演变规律及其对经济的影响。

（1）三次产业理论。由于第一产业、第二产业和第三产业对环境造成的影响程度各不相同，三次产业之间的规模比例是否适当和能否相互促进，会直接影响资源利用效率与对环境的污染程度，从而为环保产业的发展提供机遇，因此三次产业结构应作为产业发展环境的重要指标列入环保产业发展指数之中。

（2）霍夫曼定理。所谓霍夫曼定理是指在工业化过程中，可以将其划分为工业化前期、工业化中期、工业化后期和后工业化时期 4 个阶段。目前，我国正处于工业化后期，消费资料产业和资本资料产业比例基本持平，实体经济仍占有较大比重，对资源需求量大，污染排放对环境影响也比较大，这种形势为环保产业的产生提供了契机，发展环保产业成为经济健康发展的必需。

（3）技术结构。产业的技术结构包括技术构成比例，以及产业中劳动力的技术水平构成。环保技术在各产业间渗透融合，决定了其他产业对环境资源利用的效能和单位产品的污染水平。因此，环保产业的技术结构不仅对环保产业自身产生影响，也影响着整体经济的资源环境利用效率和污染排放。因此技术创新能力应作为产业发展能力的重要指标列入环保产业发展指数之中。

2.2.4.4　产业政策理论

有些经济学家认为，在完全竞争条件下，市场经济仅仅依靠自身力量的调节，可以使资源配置达到最优状态。但是，现实的市场经济中还存在一些市场机制无法充分发挥或者无法正确发挥其作用的领域，从而产生所谓的市场失灵问题。市场失灵问题的存在，为政府对市场经济的主动介入和干预提供了机会和理由。环保产业是经济活动的环境负外部性的产物，环保产业的发展不是一般地取决于市场供需关系，而是取决于环境破坏的责任者、环境物品和服务的提供者以及环境物品和服务的消费者三者的关系，这三者之间存在着相当程度的市场失灵。而环保企业的生产过程也就是污染防治和减排的过程，因此具有显著的正外部性，即社会效益高于私人效益，私人成本高于社会成本。为了使这种正的外部性达到公众及政府的预期，需要政府对环保产业的发展进行干预，包括政策的引导与资金的支持等。因此政策因素应作为产业发展环境的重要指标列入环保产业发展指数之中。

2.3 环保产业发展指数研究评述

2.3.1 指数的概念

指数法最开始源于物价指数的编制，物价指数是被英国人 Rich Vaughan 于 1650 年首创的，用于度量物价的变化。这之后指数的应用领域逐渐扩大，且其度量的内容和编制的方法日益丰富，并形成了一个体系。最初的物价指数，概括而言，描述报告期或报告点价格、数量或价值与基期或基准点相比的相对变化程度的指标成为指数。指数是一种对比的统计指标，是总体各变量在不同时空的数量对比所形成的相对数。

在国内外的各统计文献中对于指数定义的描述很多，不同的学者对指数的定义有不同研究（表 2-2）。

表 2-2　对指数各种不同的定义

出处	定义
《辞海》	用来反映所研究经济现象复杂总体数量变动状况的相对数
李金林、着中秋等（2006）	指数是反映事物数量相对变化程度的一类重要指标。从统计学的角度，指数就是代表所关心的变量的一些统计量
杨曾武、陈允明等（1986）	对指数的表述是："社会经济统计理论中的指数，主要研究总指数的方法论问题。所谓的总指数，就是以相对数的形式综合反映多种不同事物在数量上变动的一种统计方法"
徐国祥（2011）	归纳起来主要观点如下： 第一，指数是统计中反映不同时期某一社会现象变动情况的指标，指某一社会现象的报告期数值和基期数值之比，分"个体指数"和"总指数"。前者如个别产品的产量指数等；后者如全部商品的价格指数等。 第二，指数的含义有广义和狭义两种。广义的指数是指一切说明社会经济现象数量变动或差异程度的相对数。狭义的指数是一种特殊的相对数，即专指说明不能直接相加的复杂社会经济现象综合变动的相对数。 第三，指数最简单的形式仅仅是若干组相互关联数值的加权平均数。 第四，指数是一种反映不能直接相加、不能直接对比的现象综合变动的相对数。 第五，指数包括两层含义：一是指数的一般概念，即综合反映由多种因素组成的经济现象在不同时间或空间条件下平均变动的相对数；二是指数分析法，即通过计算各种指数来反映某一经济现象的数量总变动及其组成要素对总变动影响程度的统计分析方法

综上所述，指数也有狭义与广义之分。广义的指数是指凡是能说明现象数量变动程度的相对数都可以称之为指数，如李金林、赵中秋所研究的指数，就是从广义角度出发的；狭义的指数是指用来反映众多不能直接相加和不能直接比较的重要因素所构成的复杂现象在不同期间的数量综合差异水平的特殊相对数，如表 2-2 中《辞海》，杨曾武、陈允明等所研究的指数，都是从狭义的角度去考虑的，徐国祥所归纳的几种观点，既包含广义的意义也包含了狭义的意义，相对来说是对指数比较完善的定义。

2.3.2 相关指数或评价方法研究综述

目前国内没有编制环保产业发展指数，国外也没有与之直接对应的类似指数，对于环保产业发展指数的研究也很缺乏。因此本研究从与环保产业发展指数相关的几个方面进行研究综述。

2.3.2.1 人类发展指数

发展指数的应用在经济领域居多，而非经济领域，或者说是超越经济领域的更大范畴的发展指数之中，人类发展指数（Human Development Index，HDI）无疑是最受关注的。

1990 年，联合国开发计划署（United Nations Development Programme，UNDP）创立了人文发展指数（HDI），即以“预期寿命、教育水平和生活质量”三项基础变量，按照一定的计算方法，得出的综合指标，并在当年的《人类发展报告》中发布。1990 年以来，人类发展指标已在指导发展中国家制定相应发展战略方面发挥了极其重要的作用。之后，联合国开发计划署每年都发布世界各国的人类发展指数（HDI），并在《人类发展报告》中使用它来衡量各个国家人类发展水平。人类发展指数自诞生以来，不仅在帮助人们分析、比较与评价世界各国人类发展状况及其进程时起到重要作用，影响广泛，而且也折射出发展观和发展尺度的进步。但也应注意到，自 HDI 诞生之日起就纷争不断，褒贬不一，UNDP 对此也做出了必要的回应，不断对 HDI 的构成指标、阈值与算法等做出必要的调整，而这尤以 2010 年的改进幅度为最大。

（1）最初的 HDI 由 3 个指标构成。即由出生时平均预期寿命（以下简称预期寿命）、成人识字率（1991 年后添加了平均受教育年限，1995 年后被综合入学率取代）和人均 GDP 的对数构成。这 3 个指标分别反映了人的长寿水平、知识水平和生活水平。

（2）HDI 是在 3 个维度指标的基础上计算出来的。即健康长寿，用预期寿命来衡量；

教育获得，用成人识字率（2/3 权重）及小学、中学、大学综合毛入学率（1/3 权重）共同衡量；生活水平，用实际人均 GDP 来衡量。为构建该指数，每个指标都设定了最小值和最大值：

- 预期寿命：1990—1993 年取自联合国各成员国的数据集，1994 年以后设定为 25 岁和 85 岁。
- 成人识字率：0 和 100%，为 15 岁及以上人口中识字者所占比例。1991—1993 年平均受教育年限取自联合国各成员国的数据集，1994 年设定为 0 年与 15 年。从小学到大学综合毛入学率：0 和 100%，指学生人数占 6~21 岁人口的比例（依各国教育系统的差异而有所不同）。
- 实际人均 GDP：1990—1994 年各不相同，1995 年后设定为 100 美元和 40 000 美元。对于 HDI 的任何组成部分，该指数都可以用以下公式来计算：

$$\text{指数值}=\frac{\text{实际值}-\text{最小值}}{\text{最大值}-\text{最小值}} \tag{2.1}$$

$$\text{教育指数}=2/3\times\text{成人识字率指数}+1/3\times\text{综合毛入学率指数} \tag{2.2}$$

但是，人均 GDP 指数是一个例外，具体计算公式如下：

$$\text{人均GDP指数}=\frac{\ln\text{人均GDP}-\ln 100}{\ln 40\,000-\ln 100} \tag{2.3}$$

$$\text{HDI}=\frac{\text{人均GDP指数}+\text{预期寿命指数}+\text{教育指数}}{3} \tag{2.4}$$

为了将指标的数值转化为 0 和 1 之间的指数，需要确定指标的阈值。UNDP 在确定各指标阈值时主要采用两种方法：①将人类曾达到的极值水平视为其最大值与最小值；②根据人类发展情况，人为设定一个最大值与最小值。第一种方法的优点是避免了指标阈值的主观性。不足之处在于：HDI 的大小与各指标的阈值密切有关。伴随着人类的文明与进步，人类发展可能不断刷新以往曾达到的水平，这意味着构成 HDI 各维度指标的最大值可能随时间推移而增加，而依照新产生的阈值计算得到的往年的 HDI 总是等于或低于当年计算的 HDI，这就导致当年计算的 HDI 总有夸大人类发展进步的嫌疑。这与用今天人类所达到的发展水平去审视公元元年人类所达到的发展水平何等低下是一个道理。第二种方法的优点是：由于指标阈值是固定的，因而据此计算得到的任一年度的 HDI 都是固定不变的，且通过不同时期 HDI 的比较，可以看到一地人类社会发展所取得的进步。缺点是：由于指标阈值的确定存在较多的主观成分，因而其合适性始终令人生疑。如 1994—2009 年预期寿命的最大值定为 85 岁，但人类社会从未达到如此高的预期寿命水平，人类迄今为止曾达到的最高预期寿命也只有 83.2 岁（日本，2010 年）。用一个人类社会从未达到的预期寿命水平作为其最大值，除了具有目标意义外，现实意义不大。

此外，1994—2009 年将人均 GDP 的最大值设定为 4 万美元，这也是不合适的。原因在于：①当一国的人均 GDP 超过 4 万美元时，将这些国家的经济发展水平等同是不符合客观实际的。②人类社会发展的不同时期用以衡量人类发展状况的标准也应该是不同的。例如，如果用今天人类社会所达到的生活水准来衡量，在公元元年时世界上发展水平最高的国家或地区的发展水平都是极低的，甚至比目前世界上最不发达的国家或地区还要低。因此，人类发展水平是一个具有时间概念的历史范畴。将人均 GDP 的上限确定为 4 万美元，某种意义上是将人类发展绝对化或固化，而没有充分考虑到人类发展及其衡量指标的动态性，更没有顾及早在数十年前世界上就已经有部分国家或地区的人均 GDP 远超过 4 万美元这一基本事实。③在人类社会的任何发展阶段，都应该有发展好的和发展不好的国家或地区。各历史时期衡量发展好坏的标准自然应该是相对的，因时而异的。因此，HDI 更应该反映一个国家或地区在世界人类发展中所处的相对位置与相对水平，而不是绝对水平。2010 年后 UNDP 推出的 HDI 的各维度指标的阈值不再是人为主观设定的，而是来源于联合国各成员国的数据集。这也是 2010 年后 HDI 在各维度指标阈值的确定上与以往不同的地方，也是最值得称道的地方之一。

与人均 GDP 相比，HDI 有两大优点：①对一个国家福利的全面评价应着眼于人类发展而不仅仅是经济状况，同时数据容易获得，计算容易，比较方法简单；②适用于不同的群体，可通过调整反映收入分配、性别差异、地域分布、民族之间的差异。HDI 从测度人类发展水平入手，反映一个社会的进步程度，为人们评价社会发展提供了一种新的思路。

HDI 的提出对于衡量人类发展概况起到了巨大的作用，修正了之前的“唯 GDP 论”，但是其也遭受到了众多的批评。其中就指标编制本身的质疑主要有如下几条：

（1）指标权重与合成方法问题。HDI 是一个三维复合指数，但却对其直接相加。且在目前的 HDI 算法中，对 3 个维度变量给予同等权重受到了广泛质疑，因为这很可能意味着 3 个维度中的任意一个进步就可以弥补其他方面的缺陷。理论上讲一个发达社会应该是一个“全面”进步的社会，而不是某个单项冠军。此外，这种假设主观认为 3 个分项指标对人类发展水平的贡献或影响总是恒定不变的，此举可能掩盖人类发展中存在的不协调现象。1990—2009 年，HDI 的核心算法未曾改变过，但 2010 年后教育指数与 HDI 的合成方法却发生了颠覆性的变化：由原来的算术平均数改为现在的几何平均数。这也就意味着，以往的“单项冠军”很可能帮助其取得不错的总成绩的情况不再出现。几何平均法意味着，在任何发展维度上的表现不佳都直接反映在 HDI 上，维度之间不再存在完全相互替代的可能性，原先发展维度之间的相互替补性部分地被消除了，发展中的短板效应凸显出来，因而更强调各维度之间的均衡发展。与算术平均法相比，几何平均法充分考虑到了 3 个维度间固有的差异。它认识到健康、教育和收入同样重要。承认比较这 3 个不同福祉维度存在困难，且不能忽视所有维度上发生的任何变化。如果说算术平均数公式类似于边沁社会福利函数，只考虑总额问题，那么几何平均数公式则类似于纳什社会福利函数。对于 0～1 的变量，算术平均数总是大于或等于几何平均数，因而以算术平均法合成的 HDI 总是大于或等于以几何平均法合成的 HDI。因此，2009 年及以前 UNDP 计算的 HDI 可能高估了人类发展的成就，2010 年后 UNDP 对 HDI 的合成方法进行了改进，使得这种偏差部分得以纠正。此外，用几何平均法合成 HDI 回避了以算术平均法合成 HDI 时的三维度指数的等权重质疑。

（2）3 个维度指标高度自相关，即指标冗余问题。McGilivary 和 White 的研究证实这 3 个维度指标之间具有高度的相关性。作为一种创新指标，如果在结果上与传统的唯 GDP 理论没有太大区别，是否有必要重新思考 HDI 的实际功效。为此，有人试图用因子分析方法来处理，但因子分析同样存在问题：如因子得分为负时，应如何解释？因子分析所得各指标权重不再是固定的，而是依赖于所研究数据的内部结构，这就使得构成综合指数的权重因时而异。而通过因子得分法计算出来的指数的取值范围也不是固定的，而是变化的。

（3）阈值设定不科学。某些指标阈值都是事先设定的，其确定带有较强的主观色彩。特别是上限的确定存在更多的主观成分。固定阈值的优点是：目标固定，距离目标多远一目了然。通过不同时期 HDI 的比较，可以看到人类社会发展所取得的进步。其缺点是：主观设定的某些指标阈值的合适性值得商榷。如预期寿命最大值设定为 85 岁，但人类从来没有达到如此高的预期寿命水平。而人均 GDP 最大值设定为 4 万美元，但近几十年来已有部分国家人均 GDP 远超过 4 万美元，此时 UNDP 将人均 GDP 超过 4 万美元的国家视作同等经济发展水平，人均 GDP 指数均为 1，这显然是不恰当的。例如，一个人均 GDP 4 万美元的国家与一个人均 GDP 8 万美元的国家之间还是存在较大差距的。并且，HDI 的大小易受指标阈值的影响。因为 HDI 是采用将实际值与阈值联系起来的方式来评价相对发展水平的，当阈值发生变化时，即使一国的 3 个维度指标值不变，其 HDI 也可能发生较明显的变化。

（4）指标数值的标准化问题。HDI 3 个维度指标的标准化都采用最大最小值法，这种方法对预期寿命的标准化是不恰当的，因为预期寿命的变化不是线性的，而是非线性的。按照原来的标准化方法，预期寿命提高幅度对 HDI 的贡献与基数无关，但实际上，预期寿命在 40 岁基础上提高 1 岁与在 80 岁基础上提高 1 岁是不能等同的，后者比前者要难得多。

综上所述，HDI 的经验表明在进行指数设计时应注意以下几点：

指数设计时应尽量避免同级指标间的自相关　虽然从系统学的观点考虑，一个系统内的所有元素及其属性都应当是有相关性的，但是设计指标体系的时候，同级指标之间应避免出现原理上的高度相关，否则会出现很难解决的指标冗余和指数畸变。

各级指标中尽量避免人为设置的阈值　因为阈值设计的科学与否直接关系到指数的科学性，并且该问题属于原理层面，无法通过技术手段进行调整和解决。

指数权重与合成方法是这个指数设计的重点之一　简单的均权是无法解释大部分问题的，而算术平均法也存在忽视短板的问题。因此，权重设置和合成方法的选择对指数设计至关重要。

2.3.2.2　景气指数

与发展指数类似，景气指数也多被用于衡量产业发展情况，对于环保产业发展指数有较高的借鉴意义。

国外景气指数分析的研究始于 19 世纪末期，第一个景气指数最早是 1917 年由美国哈佛大学所编制；20 世纪 90 年代，在经济危机的影响下，景气指数应用更为广泛，世界各国纷纷建立了景气预警系统。21 世纪以来，景气指数研究领域逐渐扩大，分析方法也在创新，在实践方面都取得了较大的进展。国外对景气指数的研究较早，在指标构建以及研究方法上较成熟。在传统方法基础上，许多学者在景气分析方法上做了拓展，引入数学和物理的理论和方法。

Pami Dua 和 Stephen M. Miller（1996）从房屋销售、住房的价格、抵押贷款利率、实际个人可支配收入和失业率 5 个方面的替代领先指标构建了先行指数，采用贝叶斯向量自回归模型来检验领先指标进而来预测美国房屋销售量。Ronny Nilsson（2004）研究经济合作与发展组织成员国的先行指标体系及预测。Ataman Ozyildirim（2010）等采用美国景气合成指数编制方法，计算了欧元区相关指数；Turner L.W.等（1997）构建了日本、新西兰、英国和美国等客源国先行指数并采用 ARMA 模型预测了未来澳大利亚游客的需求情况。

20 世纪 80 年代中期，我国开始对景气指数进行研究，有些学者已经在不同领域对景气指数进行了研究与应用。

王小平、张玉霞（2012）在我国服务业景气指数的编制与测算分析中提出了我国服务业景气指数，从先行、一致和滞后指标 3 个方面出发，构建了 13 个指标，采用指数合成法计算出了服务业景气指数，通过对服务业景气指数的编制与测算，为我国服务业发展变化方向提供了指引，能够更好地制定政策促进服务业发展。

高铁梅、梁云芳、孔宪丽（2006）在构建多维框架景气指数系统的初步尝试中提出了多维框架景气指数，从先行、一致和滞后指标 3 个方面出发，在物价、房地产业、出口、汽车行业和宏观经济总量 5 个方面分别构建先行、一致和滞后景气指数的具体指标，并采用指数合成法分别对 5 个方面的先行、一致和滞后景气指数进行合成，通过构建的景气指数分别监测不同类型的经济波动，能够从整体上把握我国宏观经济运行状况和发展形势，为我国制定宏观经济政策提供依据。

张凌云、庞世明（2009）在旅游景气指数研究回顾与展望中提出了旅游景气指数，从先行、一致和滞后指标 3 个方面出发，构建了 10 个指标，采用主成分分析法对指标进行赋值，运用指数合成法对旅游市场景气指数进行合成，通过对旅游市场景气指数的分析能够为未来的研究分析提供借鉴。

赖福平（2005）在工业企业景气指数研究与实证分析中提出了工业企业景气指数，从产值、收入、成本、资金、景气状况以及生产经营等方面筛选指标，并将以上指标划分为先行、一致和滞后指标 3 个方面，运用指数合成法，并以广州工业企业为例进行景气状况分析，希望能够为工业企业政策制定与管理提供参考的依据。

陈磊（2004）根据中国人民银行的 29 个指标统计出来的数据做实证分析。①根据指标性质，分别计算 6 个扩散指数，从不同侧面反映了企业生产经营活动的变动情况；②根据指标的时差性，把指标划分出先行超前、一致同步和滞后（迟行）组指标，分别计算合成指数；③把合成指数与主要的经济指标作相关性分析，包括工业生产量、投资、消费、物价。笔者成熟地运用了景气指数方法，并有效利用实证结果研究了对经济变量的作用。

“中国经济工业景气指数”简称“中经工业景气指数”，是一个指数体系。其中包括景气指数（以行业生产、销售、利润、就业、投资等主要经济指标合成），预警指数（以 10 个左右行业先行指标合成反映行业发展态势），以及用红、黄、绿、浅蓝、蓝色灯号直观描述行业经济冷热状况的行业预警灯号。该指数依托经济日报社和国家统计局各自在中国经济领域的权威视角，跟踪监测、前瞻预警国民经济中工业行业的运行状况，可以准确预测工业发展趋势及分析阶段特征，更加直观地反映工业经济运行的景气状况，及时发掘报道工业行业中的新情况、新问题，着力搭建一个行业景气发展态势持续监测及信息发布的高层平台，打造一个有影响力的准确预测判断工业发展态势的数据产品品牌，以期为中央政府、行业主管部门、广大工商企业提供科学的决策依据。

此后，国家信息中心（20世纪80年代末）开发研制了中国宏观经济景气指数，此景气指数由先行合成指数、一致合成指数和滞后合成指数3种指数构成，结合时差相关分析和K-L信息量方法建立了我国行业增长率波动的景气指数，对行业增长率的波动进行研究，并开展了我国汽车、煤炭、钢铁、房地产等行业情况的分析和预测。此后，经济景气指数的研究和应用不断深入，关于指标的设置大都结合行业特色借鉴之前的研究成果（表 2-3），在指标筛选和测度方法方面也做了很多有益的尝试。例如，叶艳兵和丁烈云（2001）建立了符合房地产行业特点的预警指标体系，用时差相关分析（验证主要因素）、主成分分析（找出主要影响变量）和神经网络等相结合的方法，进行产业景气指数测度；李秋涛（2013）在电力行业的分析中，采用H-P滤波趋势分解研究电力产出和经济增长的相关性和结构特征，并据此进行波动分析。

表 2-3　近年来国内部分景气指数研究状况

景气指数	基准循环	一致指标	先行指标
中国宏观经济景气指数	工业增加值月度同比增长率循环	工业增加值，发电量，固定资产投资总额，财政收入，M1等	生铁产量，钢产量，沿海主要港口货物吞吐量，商品房新开工面积，财政支出，工业企业产成品资金占用（逆转）等
物价月度景气指数	消费价格	居民消费价格指数，商品零售价格指数，生活资料工业品出厂价格指数，轻工业品出厂价格指数等	工业增加值增速，M1 增速，固定资产投资完成额增速，金融机构企业存款增速，房地产开发投资增速，外商投资企业出口总值增速等
房地产景气指数	商品房销售额	商品房销售额累计同比，居民消费价格指数，居民住宅土地交易价格指数，城镇居民可支配收入等	完成开发土地面积累计同比，住宅租赁价格指数，货币供应量增长率，房地产投资额累计同比等
中国建筑业景气指标	建筑业总产值	建筑业总产值、工业总产值、固定资产投资完成额、财政收入、建筑业企业营业利润、房地产开发投资总额等	钢材、M2、建筑业投资总额、固定资产扩建投资额、固定资产新建投资额、建筑业企业平均从业人员等
湖南省宏观经济景气指标	工业增加值	湖南省规模工业增加值，湖南省粗钢产量，湖南省工业发电量，湖南省规模以上工业企业产品销售率，湖南省限额以上家电和音像零售额等	湖南省固定资产投资本年新开工项目个数，湖南省金融机构存款余额，湖南省金融机构中长期贷款余额，全国汇丰PMI指数，全国M2指数，湖南省水泥产量等

景气指数	基准循环	一致指标	先行指标
服务业景气指数	服务业增加值	服务业增加值，人均国内生产总值，居民消费水平，社会消费品零售总额等	服务业就业人员数，服务贸易进出口总额，服务业职工工资总额，城乡居民人民币储蓄存款，全国职工平均货币工资，固定资本形成总额，城镇居民家庭人均可支配收入等
环保产业景气指数	主营业务收入	A 股环保上市企业：营业税金及其附加、存货、购置固定资产、员工总数、出厂价格指数等； A 股主营环保上市企业：营业税金及其附加、员工总数、出厂价格指数、利润总额等	A 股环保上市企业：应收账款等； A 股主营环保上市企业：应收账款、存货、购置固定资产等

2016 年，由中国环境保护产业协会与中央财经大学绿色经济与区域转型研究中心合作，联合开发了我国首个环保产业景气指数体系。该指数聚焦环保产业狭义范畴，基于 Wind 数据库数据，选取沪深两市 A 股上市环保企业和全国中小企业股份交易系统（简称新三板）挂牌环保企业作为环保产业的样本代表，通过对 A 股环保上市企业和新三板环保企业经营情况的景气分析，多角度、多层次、全方位地反映出我国环保产业的整体运行情况，并在一定程度上实现对环保产业发展现状的及时把握和对其发展态势的估测判断，可为环保企业战略布局、宏观经济决策制定提供参考依据。

对产业或企业景气指数指标构建以及指数合成方法的研究，尽管同环保产业发展指数指标的构建差异较大，方法上也有差别，但是在指标选取上都需要考虑到经济、社会，甚至是环境方面的因素，所以上述指数的研究思路能够为环保产业发展指数的研究提供指导。

2.3.2.3 环保绩效指数

随着环境保护活动由政府主管、主要依靠财政投资和行政手段的公共事业逐步转变为由市场主导，更多依靠自负盈亏和经济手段的产业，对环保产业的绩效评价就一直是学界和业界关注的重点。虽然环保产业绩效评价和发展指数有一定区别，但是其中很多相同的部分仍然可以作为参考。

E20 在《中国环境综合服务业发展指数研究报告（2015）》中提出了环境综合服务业发展指数，从产业结构和产业增长两个方面构建了 2 个一级指标、6 个二级指标和 14 个三级指标的指数指标体系。采用专家咨询法确权，采用线性加权进行指数合成，通过指数测评反映环境综合服务业的发展态势。其中产业结构用环境综合服务营收占环境服务营收比例加以表征，而产业增长则用产业规模、新增市场、经济效益、技术创新和政策强度等指标加以表征（表 2-4）。

表 2-4 环境综合服务业发展指数指标体系

<table>
<tr><th>指数</th><th>一级指标</th><th>二级指标</th><th>三级指标</th></tr>
<tr><td rowspan="16">环境综合服务业发展指数</td><td>结构指标</td><td>产业内各部分占比</td><td>环境综合服务营收占环境服务营收比例</td></tr>
<tr><td rowspan="15">增长指标</td><td rowspan="4">产业规模</td><td>企业数目</td></tr>
<tr><td>营业收入</td></tr>
<tr><td>年内新增固定资产投资</td></tr>
<tr><td>从业人员数</td></tr>
<tr><td rowspan="2">新增市场</td><td>新增处理能力</td></tr>
<tr><td>新签合同额</td></tr>
<tr><td rowspan="2">经济效益</td><td>行业平均利润率</td></tr>
<tr><td>行业平均净资产收益率</td></tr>
<tr><td rowspan="2">技术指标</td><td>研发强度</td></tr>
<tr><td>新增专利数</td></tr>
<tr><td rowspan="3">政策强度</td><td>国家中央财政对环境综合服务采购力度</td></tr>
<tr><td>国家/地方政府对环境综合服务的支持力度（主观）</td></tr>
<tr><td>地方政府的配套政策的完善程度（主观）</td></tr>
</table>

E20 指数报告中的产业规模、经济效益和技术指标所涉及的具体指标，本研究指标体系中都已涵盖。政策强度指标本研究与 E20 指数报告的选取有所不同，该指标在 E20 报告中采用国家中央财政对环境综合服务采购力度、国家/地方政府对环境综合服务的支持力度（主观）和地方政府的配套政策的完善程度（主观）3 个具体指标进行表征。由于后两项为主观指标，会影响指数量化测评的准确性，因此本研究并未采取；而国家中央财政对环境综合服务采购力度，对于行业而言，用社会环保投资全集替代企业单个数据统计加总更为准确，因此本研究以全社会环保投资作为政策因素的表征指标。而新增市场情况，较之用新签合同额来表征，通过统计年与基期的产业发展环境之比加以表征更为准确。因此本研究并未专设新增市场二级指标，而是通过影响市场的产业发展的环境指标加以表征，包括经济因素（经济景气程度、经济发展速度、城镇化水平、工业占比）、政策因素（全社会环保投资）和市场因素（应收账款周转率）等。事实上，环保产业作为具有社会正效益的新兴产业，其发展除了受产业自身结构与增长的影响，外环境对其影响也非常显著，因此仅从产业增长和产业结构两个方面测评产业的发展态势明

显不够全面。

周景博在《我国环保产业绩效评价及分析报告》中，从管理部门的管理需求和产业自身发展需求出发，基于环保产业的特点，初步设计了分别对应宏观产业层面和微观企业层面的两套环保产业绩效评价指标体系，开展环保产业绩效评估的实证研究和案例研究，通过宏观层次、微观层次、行业层次、区域层次、园区层次等多层次和多角度的实证检验，得到如下主要结论：

（1）从环保产业宏观产业绩效的实证结果看。2004—2011 年，环保产业宏观产业绩效在各方面均有显著提高，尤其表现在自身水平方面提高最快，外部影响尚未完全凸显，发展能力还需进一步加强；环保产业宏观产业绩效指标体系的构建相对合理，能够较有效地反映环保产业的发展绩效；核心指标基本可以反映环保产业宏观产业绩效，其他非核心指标可以作为补充，基本不影响总体评价结论。

（2）从环保产业整体盈利能力绩效看。环保产业全行业的总资产报酬率和主营业务利润率指标值略高于国有企业全行业平均值，成本费用利润率指标值低于国有企业全行业平均值。

（3）从分地区绩效特征看。我国境内 31 个地区的环保产业的发展水平差别较大，因而各地区环保产业绩效水平的差异显著，环保产业细分领域环境保护产品生产经营业和环境服务业的地区差异也较为显著。

（4）从环保产业重点发展区域的绩效特征看，环保产业重点发展区域的产业特征较为明显。从产业规模看，长三角区域的环境保护产品生产经营行业规模占有绝对优势；从经济效益看，重点区域环境保护产品生产经营行业的经济效益指标整体优于全国平均水平；从发展潜力看，重点发展区域的研发投入优势并不显著，环境服务行业的研发资金投入强度均低于全国平均水平。

（5）从不同因素的绩效对比分析看。规模、上市情况、从业特性、控股情况和园区级别的绩效特征差异显著。从规模看，环境保护产品生产经营企业大型企业的总资产报酬率依次高于中型、小型和微型企业，微型企业的主营业务利润率和研发资金投入强度依次高于小型、中型和大型企业；环境服务业企业大型企业的三项盈利能力指标依次高于中型、小型和微型企业，但研发资金投入强度低于中型、小型和微型企业。从上市情况看，上市企业的主营业务利润率和研发资金投入强度高于非上市企业，而总资产报酬率和成本费用利润率指标略低于非上市企业。从从业特性看，兼业环保企业的主营业务利润率和总资产报酬率高于专业环保企业，而专业环保企业的研发资金投入强度和成本费用利润率高于兼业环保企业。从控股情况看，外商控股的总资产报酬率和成本费用利润率最高，国有控股的主营业务利润率最高，而私人控股的研发资金投入强度最高。从园区绩效特征看，环境保护产品生产经营业盈利能力国家级园区和省级园区普遍高于县级园区和市级园区，环境服务业盈利能力县级园区远高于国家级园区、省级园区和市级园区。从研发能力绩效指标对比看，国家级园区研发人员投入强度最高。

龙林等（2011）在安徽省环保产业综合评价研究中提出了安徽省环保产业发展状况的评价指标，从产业规模、产业效应、产业成长和产业集群 4 个方面构建了 4 个一级指标。运用模糊评价法和层次分析法对安徽省的环保产业发展状况进行综合评价，并为其制定发展政策指明方向。龙林等所提出的环保产业综合评价指标中的产业规模和产业效应中的创新能力，在本研究所构建的环保产业发展指数中都有所体现。但是，虽然环保产业综合评价分析与本研究的环保产业发展指数研究的都是环保产业，分析上却有所差异，环保产业综合评价直接运用评价方法计算得出结果进行分析，本研究首先计算环保产业发展指数和细分领域指数，然后通过指数构成的分指标差异进行贡献度分析和细分领域的发展差异分析。

程亮等（2015）从环保产业绩效含义出发，分析了环保产业绩效系统构成和环保产业特征，从环保产业发展的外部环境、现状与效益两方面设立环保产业发展绩效评价指标体系。产业发展环境由经济政策、技术政策、经济发展速度、工业增长速度、人民生活水平、城镇化水平、技术研发投入、环境质量现状 8 个指标构成。产业现状与效益由经济总量、生产力总量、上下游的匹配、产业集中度、服务业比重、内资企业比重、盈利能力、运营能力、偿付能力、成长能力、污染治理设施处理能力、主要污染物减排量 12 个指标构成。建立的指标体系为通用型和框架性的，在针对细分行业开展绩效评价时，仍需结合细分行业对指标进行细化。

李宝娟等（2012）在我国环保产业绩效评价及分析报告中提出了环保产业绩效性评价指标，从宏观产业层面和微观企业层面出发，宏观产业层面从自身水平、外部影响和发展能力 3 个方面构建了 3 个一级指标，微观企业层面从经济、环境和技术 3 个方面构建了 3 个一级指标。在单指标评价法中采用比值法（宏观层次）和百分位次法（微观层次）进行评价；在多指标评价法中采用发展指数法结合层次分析法进行综合评价，评价环保企业和产业绩效，并为环保产业发展模式评价和选择提供依据，建立科学的环保产业绩效评估体系。环保产业绩效评价及分析宏观产业层面中自身水平中的规模扩张、结构优化及效益提高和发展能力中的发展潜力，微观企业层面中的经济发展绩效中的企业规模、环境保护绩效中的运用能力和技术创新绩效中的研发投入，在本研究的指标体系中的产业发展基础、产业发展环境和产业发展能力中有所体现，指标体系有较多的相似之处，在计算方法上也有相同的，即发展指数法和层次分析法。虽然指标体系有较多相同之处，但是环保产业发展绩效评价与分析指标构建的指标比本研究构建的指标全，除了综合考虑经济、社会、技术外，环保产业发展绩效评价还考虑了环境（环境改善、污染治理及污染物排放等）、资源节约和国际竞争力，这是本研究构建指标的不足之处。

张弋和张雪（2008）在大连市环保产业竞争力评价与分析中提出环保产业竞争力评价指标的构建，从经济和科技两个方面构建了两个一级指标，采用变异系数法计算各指标的权重值，通过比较权重值的大小对大连市 2006 年各区环保产业竞争力进行评价，分析大连市环保产业的发展状况。WKW Ismail、L Abdullh（2012）采用层次分析法，以东盟国家为例，分析其环保产业的环境绩效。MHA Chande（2014）以塔纳市研究为例，提出了环境绩效指标，从城市增长、自然资源、城市服务和改善城市环境 4 个方面构建了 4 个一级指标，采用多层印制电路板的方法评估塔纳市公司的环境报告和环境绩效。Ewa Chodakowska（2014）将全要素生产率分析法（DEA）应用于环境绩效指数分指标赋权，并以欧洲 42 个国家的环境绩效评价为例，分析应用该方法确定权重是否适宜，结果证明可以将该方法应用于环境绩效指数分指标赋权。国内外环保产业绩效指标构建，基本都是通过构建指标体系，先算出各级指标具体数值，进而合成一级指标的数值，最终合成环保绩效的确定值，用来评价环保产业的绩效，以上理论实践研究成果对本项目环保产业发展指数的建立具有一定的借鉴价值。

2.3.3 其他产业发展指数

Rajesh Kumar Singh、H.R. Murty、S.K. Gupta、A.K. Dikshit（2007）在钢铁行业复合可持续发展绩效指标的研究中提出了钢铁行业符合可持续发展绩效指标，从组织治理、技术方面、经济、环境和社会 5 个方面构建 5 个一级指标，采用层次分析法，以协助评估一个组织的可持续发展绩效的影响。钢铁行业复合可持续发展绩效指标中的两个关键经济指标——周转率、净利润。由于钢铁行业的生产经营与环保产品生产行业的生产经营具有一定的相似性，因此，本研究拟将上述两个关键指标也纳入产业发展指数指标体系之中，并以总资产周转率和净利润加以体现。此外，钢铁行业复合可持续发展绩效指标在构建时还考虑了组织管理，而对于新兴的环保产业而言，组织管理之外的宏观经济因素和市场因素对产业发展的影响更为显著，因此本研究以经济因素和市场因素作为重要的环境因素纳入发展指数指标体系中，而组织管理则以产业结构和创新与投融资本加以间接体现。

Z.G. Zhao、J.Q. Cheng、J.H. Richardus（2005）以德尔菲法为基础，从公共卫生服务质量的结构、过程和结果 3 个方面构建了公共卫生服务质量评价指标体系，并结合专家权威系数和肯德尔的统计分析，验证公共卫生服务质量评价指标体系的适用性和实用性，并对深圳的公共卫生和中国其他城市的公共卫生服务质量进行评估。环保产业具有一定的公益性，因此公共卫生服务业发展指数中的德尔菲法的应用可以为本书所借鉴。

Xiaodong Lai、Jixian Liu、Georgi Georgiev（2016）以中国建筑业为例，提出了中国建筑业低碳技术集成创新评价指标，从低碳技术集成创新保障体系、低碳技术集成控制系统和低碳技术整合绩效评价系统 3 个方面构建了 3 个一级指标，采用探索性因素分析法和粗糙集理论法确定评价指标及其权重，讨论了在建筑行业的低碳技术集成创新管理绩效，在环境保护的高公共压力和能源短缺问题严重的背景下，以期为从业者提供参考。环保产业的发展的重要目标之一是促进社会经济的低碳化发展，技术创新的作用举足轻重，因此，该成果可以为本书技术指标的选取提供参考。

标准普尔公司编制了标准普尔 500 指数。编制初期，该指数包含了 425 种工业股票、15 种铁路股票和 60 种公用事业股票作为成分股。1976 年 7 月 1 日，该指数进一步完善。成分股扩充至 400 种工业股票、20 种运输业股票、40 种公用事业股票和 40 种金融业股票。标准普尔 500 指数的基期设定为 1941—1942 年，基期指数定为 10，计算时采用更为科学、先进的加权平均法核算，以股票市场上流通的股票数量之比为权数，按基期进行加权平均计算。相比于道琼斯工业平均股票指数，标准普尔 500 指数具有更多特点，包括采样面广、代表性强、精确度高、连续性好等，学者与专家都普遍赞同，标准普尔 500 指数是一种理想的股票指数期货合约标的。

1999 年 9 月，全球第一个可持续发展指数编制完成并公布，即道琼斯可持续发展指数（The Dow Jones Sustainability Index，DJSI），该指数由道琼斯指数编制公司、德国 STOXX 指数公司以及 SAM 可持续发展资产管理公司三方联合编制。道琼斯可持续发展指数（DJSI）从 3 个方面评价了一个企业在经济社会中的可持续发展能力，即经济方面、社会方面及环境方面。

《2005 年发展中国家的国际贸易》一文首次提出“贸易和发展指数”（The Trade and Development Index，TDI）这一概念。发展中国家能够利用贸易和发展指数制定更为合理的方案以达到改善经济和社会发展的目的，发达国家能更好地利用该指数推动双边贸易的良好发展，它的编制为世界各国制定新政策，评价本国贸易水平提供了科学、有效的工具。

R.W.Gold Smith（1969）在《金融结构与金融发展》一书中提出了 FIR（金融相关比率），用它来表示金融发展，这是衡量金融上层结构相对规模的最广义的指标。他将 FIR 定义为某一时点上一国金融产品的市场总值占国民财富的市场总值的比重。FIR 指标是一种研究金融发展进程的快捷而有效的指标，在金融发展问题的研究中具有着重要的意义。他对 35 个国家从 1860—1963 年的相关数据进行分析，得出的结论是：在一个国家的经济发展中，表示经济基础的国民生产总值与国民财富的增长不如金融上层结构有关的增长更迅速，所以，随着时间的推移，金融相关比率会有不断升高的趋势。

Ross Levine、Sara Zerovs（1998）构建了测度金融市场发展水平的指标体系，构建指标体系时还对股票市场的发展进行了细分，包括资本化率指标和流动性指标。资本化率指标用来衡量股市规模，它等于国内股票交易所上市公司总市值与 GDP 的比值；流动性指标用来衡量股票市场的活跃程度，用周转率（交易比率）与换手率代表流动性指标，周转率等于一定时期内股市交易额与可交易的股票总额的比值，换手率等于某一段时间内的成交量与发行总股数的比值。

胡惠林和王婧（2012）提出了由内涵指数和表征指数两套体系综合而成中国文化产业发展指数，从文化产业发展水平、经济影响、社会影响、发展模式、产业布局与结构、创新、经济基础角度，构建了 16 个一级指标。其中文化产业发展水平中提出的文化产业发展规模和经济基础中提出的产业结构，对本研究的指标选取具有参考意义。

马珩、孙宁（2011）提出了中国制造业发展指数，从经济、科技和资源保护 3 个角度构建了 3 个一级指标，运用指数功效函数法进行指数测算，综合评价我国制造业的发展状况。环保产业强调环境保护和资源保护，这是制造业发展指数与环保产业发展指数构建的相通之处。因此，该成果中科技投入指标和环境保护与资源保护指标，可以为本书环保产业发展能力的指标选取提供参考。

任英华等（2009）提出了服务业发展评价指标，从总体现状、各行业水平和发展潜力 3 个方面构建了 3 个一级指标，运用模糊数学模型进行定性和定量评估，并采用层次分析法和因子分析法对现代服务业发展进行综合评价。现代服务业和环保产业都是新兴产业，其发展基础和发展潜力是影响产业整体发展态势的关键因素。因此，该成果体现服务业发展基础的从业人员数和体现发展潜力的内部研发经费支出两项指标，纳入了本书环保产业发展指数指标之中。

采购经理人指数（Purchase Managers' Index，PMI），是衡量制造业的“体检表”，是衡量制造业在生产、新订单、商品价格、存货、雇员、订单交货、新出口订单和进口 8 个方面状况的指数，是经济先行指标中一项非常重要的附属指标。

PMI 指数是政府决策、企业投资、学者研究宏观经济，判断经济走势的重要领先指标，被格林斯潘称为“荒岛指数”。制造业 PMI 通过每月向企业采购经理发放问卷，调查企业采购、生产、销售等环节的定性情况，合成概括制造业整体经济运行状况的加权指数。PMI 指数取值从 0～100%，50%是经济的荣枯分界线，指数高于 50%预示着经济扩张，低于 50%预示着经济萎缩。随着世界经济不确定性因素的增加，利用宏观经济领先指标，对经济进行“适时适度”“预调微调”的需求越来越迫切。而制造业 PMI 指数作为一个月度指标，重点调查企业经营活动的最前端——采购活动，对于经济走势的预测意义重大。在我国，每月定期发布的制造业 PMI 指数有两个：国家统计局制造业 PMI 和汇丰制造业 PMI。

所谓“挖掘机指数”是借助大数据和物联网技术，对基础建设开工率等基础数据进行精确描绘，用以观测固定资产投资等经济指标具体变化的量化指数。“挖掘机指数”不仅在微观层面上记录着企业经营、转型的变化，更以一个特殊的视角揭示出宏观经济运行的晴雨变化。该指数可以检验政策效果，引导资源配置，促进物联网、大数据等相关产业的发展。总之，以“挖掘机指数”为代表的物联网大数据技术，改变了传统经济数据在层层传递过程中的扭曲性和时滞性。这些跳动的字节和运行的曲线，正改变着传统的生产方式，促进新兴产业发展，其存在有助于政府决策层把握经济发展的脉搏，更好地观测宏观经济运行的“凉热”度，从而不断培育新的经济增长点。

2.3.4　国内外文献评述

通过上述文献综述可以看出，我国环保产业发展指数并没有直接可以借鉴的研究成果，但是我们可以从众多相关研究中吸取经验。对环保绩效和其他产业发展指数的研究中，我们基本能够确定环保产业指数的基本形式也是采用分级指标，加权合并，得到综合指数的思路。为了增强环保产业发展指数与其他产业发展指数的可比性，环保产业发展指数应主要由产业发展基础、产业发展环境和产业发展能力（潜力）3 个方面构成；而对于绩效类的指标，尤其是环境绩效，则不适合放入发展指数之中，可以考虑单独构建。

由人类发展指数 HDI 等各类指数的构建和应用过程可以得出，指数中的指标选取必须充分考虑背景，避免直接相关性；而权重也不便于采用均权方法，至少在前几级指标上，权重应当通过其他更科学的方法进行设定；标准化方法并不应当采用常见的最大最小值法，因为对于发展的环境，同期数据的最大最小值无法纵向比较，而通过历史数据确定最大最小值明显无法适应产业发展这一核心特征，更不能通过人为设定阈值从而导致争议。此外，指数合成方法应当注意常用的加权算数平均法是否适合，如果不适合，可采用诸如几何平均法之类的方法进行补充及修正。

2.4 本研究边界的界定

依据上述分析，各国对于环保产业的范围划定有着不同的观点，但在传统意义上的环境领域——环保产品、环保服务的类别界定方面却基本保持一致，而在其他资源类和绿色产品类领域的划分中则有较大差异。从当前我国环境保护工作重点和环保产业发展的现状来看，狭义的环保产业是现阶段我国环保产业发展的核心内容。

本研究的重点在于环保产业整体性的发展态势评估，由于与环保材料和设备、环保服务相关的领域共同围绕“污染控制与治理”这一核心开展经营，因而相对于其他领域，以上领域更接近于一般意义上的环境保护概念，属性上也更相近，若在这一范畴内讨论产业总体的发展态势则系统性更强。因此，综合考虑上述各种范围划定的权威性、系统性以及针对性，本研究将环保产业的研究范围确定为与中末端污染控制与治理相关的产品与服务，即包括水污染治理的设备、材料、药剂等环境保护产品的生产活动和水污染治理设施的设计咨询、工程建设、运行等环境保护服务活动；大气污染治理的设备、材料、药剂等环境保护产品的生产活动和大气污染治理设施的设计咨询、工程建设、运行等环境保护服务活动；固体废物处理处置的设备、材料、药剂等环境保护产品的生产活动和固体废物处理处置设施的设计咨询、工程建设、运行等环境保护服务活动；土壤修复的设备、材料、药剂等环境保护产品的生产活动和土壤修复工程的设计咨询、建设等环境保护服务活动；噪声与振动控制的设备、材料、药剂等环境保护产品的生产活动和噪声与振动控制设施的设计咨询、工程建设等环境保护服务活动；环境监测仪器设备的生产活动和监测设施运行等环境保护服务活动；生活垃圾、危险废物、医疗废物、废旧家电、废旧电子产品、脱硫副产物、污泥等的资源化和综合（循环）利用活动。

总体来说，本研究中的环保产业范围更接近于狭义范围，即 OECD、欧洲委员会和欧盟统计局所论述的环保产业定义，所突出的是废物治理与管理，同时涉及了部分广义的内容，即废物回收利用。

第 3 章 环保产业发展指数指标体系设计

3.1 指标体系设计和指标筛选的基本原则

环保产业发展指数指标体系构建遵循四大原则，即科学系统性原则、代表性原则、可操作性原则、先进性或动态性原则。

科学系统性原则 指数指标体系的设计既要考虑宏观因素对环保产业的影响，也要考虑环保产业自身构成以及各构建要素间的相互关系，尽可能避免指标间的交叉。

代表性原则 选取的指标应具有代表性和重要表征意义，尽量减少指标数量。

可操作性原则 指标应易于获取，并能实际计量或测算。

先进性或动态性原则 指标体系的设计应为行业发展评估分析和指数的进一步完善预留空间。

3.2 相关产业指标体系梳理

环保产业自身及相关产业研究成果梳理结果如表 3-1～表 3-4 所示。

表 3-1 环保产业相关研究一级指标借鉴

环保产业相关研究	文献 1：逯元堂《环保产业发展绩效评价指标体系构建》（2015），其相关一级指标为“产业现状及效益和产业发展环境”
	文献 2：李宝娟《我国环保产业绩效评价及分析报告》（2015），其相关一级指标（宏观）为“自身水平和能力发展”；一级指标（微观）为“经济发展绩效”
	文献 3：E20《中国环境综合服务业发展指数研究》（2015），其相关一级指标为“增长指标”
	文献 4：李宝娟，王政，王妍和莫杏梅《基于调查统计的环保产业发展现状、问题及对策分析》（2015），其相关一级指标为“产业发展状况”

环保产业相关研究	文献 5：李宝娟《〈2011 年全国环境保护相关产业状况公报解读〉——几组数字简析环保相关产业发展》（2014），其相关一级指标为“产业发展状况”
	文献 6：吴顺泽，滕建礼，李宝娟等《第四次全国环境保护产业综合分析报告》（2014），其相关一级指标为“环境保护相关产业发展概况和环境保护相关产业分布”
	文献 7：薛婕，周景博，丁凯，李宝娟《论环保产业绩效评估框架与指标体系构建》（2013），其相关一级指标为“经济社会绩效和环境保护绩效”
	文献 8：廉萌和韩俊《层次分析法在辽宁省环保产业分析中的应用》（2016），其相关一级指标为“效益性指标和结构性指标”
	文献 9：张弋和张雪《大连市环保产业竞争力评价与分析》（2008），其相关一级指标为“经济生产能力”
	文献 10：程亮等《环保产业绩效评价指标体系构建初探》（2015），其相关一级指标为“产业效益与现状和发展外部环境”
	文献 11：李宝娟等《环保产业统计指标体系的构建初探》（2015），其相关一级指标为“资产投入、人力资源投入、产业规模、产业经济效益、产业技术创新能力和环境保护效益”
	文献 12：龙林等《安徽省环保产业综合评价研究》（2011），其相关的一级指标为“产业效应情况、产业成长情况和产业集群情况”

表 3-2　其他行业相关研究一级指标借鉴

其他行业相关研究主要借鉴	文献 1：胡惠林，王靖《中国文化产业发展指数报告》（2012），其相关一级指标为“文化产业发展水、文化产业布局及结构、社会经济基础和文化产业政策”；
	文献 2：马珩，孙宁《中国制造业发展指数的构建与应用研究》（2011），其相关一级指标为“经济创造能力、科技创新能力和资源环境保护能力”；
	文献 3：潘海岚《服务业发展水平的评价指标的构建》（2011），其相关一级指标为“数量规模指标和发展潜力指标”；
	文献 4：任英华，邱碧槐，朱凤梅《现代服务业发展评价指标体系及其应用》（2009），其相关一级指标为“总体现状和发展潜力”；
	文献 5：唐中赋《高新技术产业发展水平的综合评价》（2003），其相关一级指标为“产出水平、潜力水平和投入水平”；
	文献 6：曹颢等《我国科技金融发展指数实证研究》（2011），其相关一级指标为“科技金融资源指数、科技金融经费指数、科技金融产出指数和科技金融贷款指数”；
	文献 7：郭巍《我国先进制造业评价指标体系的构建》（2011），其相关一级指标为“先进制造技术、先进制造管理、先进制造模式和社会效益”；
	文献 8：张丹宁，陈阳《中国装备制造业发展水平及模式研究》（2014），其相关一级指标为“产业规模性、经济效益性、技术创新性、对外开放性和社会责任性”；
	文献 9：胡蝶，张向前《海峡西岸经济区先进制造业发展评价分析》（2011），其相关一级指标为“环境资源保护能力”

表 3-3 环保产业相关研究二级指标借鉴

产业发展基础	**产业规模** 借鉴文献 1：《环保产业发展综合绩效评价指标框架》的二级指标“产业规模”
	借鉴文献 2：《环保产业绩效评价实证研究》宏观产业评价的二级指标“产业规模”，微观产业评价的二级指标“企业规模”
	借鉴文献 3：《环境综合服务业发展指数》的二级指标“产业规模”
	借鉴文献 4：《产业发展状况评价指标体系》的二级指标“产业规模”
	借鉴文献 5：《产业发展状况评价指标体系》的二级指标“产业规模”
	借鉴文献 6：《环境保护相关产业发展概况指标体系》的二级指标“产业规模”
	借鉴文献 7：《经济社会绩效指标体系》的二级指标“企业规模（企业层次）”，“经济总量”（产业层次）
	借鉴文献 8：《大连市环保产业竞争力评价指标体系》的二级指标“投入类”
	借鉴文献 9：《环保产业绩效评价指标体系》的二级指标“产业规模”
	借鉴文献 10：《企业层次和产业层次绩效评估指标体系》的二级指标“企业规模（企业层次），对经济增长的贡献，对产业结构调整的贡献，经济总量（产业层次）”
	借鉴文献 11：《环保产业统计指标体系》的二级指标“资产总计，年内新增固定资产投资，环保产业从业人数数量，从业单位数，企业平均规模”
	在产业发展基础下，产业规模中的企业总数、从业人员、资产总计、年内新增固定资产投资和环保业务营业收入在参考文献中出现的机会比较多[1]，在 C1[2]、C2、C3、C4、C5、C6、C7、C9、C10（资产总额）和 C11 中出现；总产值和工业/服务业增加值在参考文献中出现的机会较少[3]，只在 C7（环保产业总产值）中出现
	产业结构 借鉴文献 1：《环保产业发展综合绩效评价指标框架》的二级指标“产业结构”； 借鉴文献 2：《环保产业绩效评价实证研究》—宏观产业评价的二级指标“结构优化”；
	借鉴文献 4：《产业发展状况评价指标体系》的二级指标“产业结构”； 借鉴文献 5：《产业发展状况评价指标体系》的二级指标“产业结构”；
	借鉴文献 6：《环境保护相关产业分布评价指标体系》的二级指标“产业规模”； 借鉴文献 7：《经济社会绩效评价指标体系》的二级指标“对经济增长的贡献”；
	借鉴文献 8：《辽宁省环保产业发展评价指标体系》的二级指标“产业结构性系数”； 借鉴文献 10：《环保产业绩效评价指标体系》的二级指标“产业规模”；
	借鉴文献 11：《企业层次和产业层次绩效评估指标体系》的二级指标“对经济增长的贡献、对产业结构调整的贡献和对就业的贡献（产业层次）”；
	在产业发展基础下，产业结构中的产业集中度和服务业比例在出现的机会比较多，在 C1、C2、C4（营业收入）、C5（营业收入）、C6（年营业收入、环保产业产值占 GDP 的比例）、C7（环保产业产值占 GDP 的比例）、C8（环保产业总产值/GDP）、C10 和 C11（环保产业产值占 GDP 的比例）中出现；内资比例在参考文献中出现的机会较少，只在 C10 中出现
产业发展环境	**经济因素** 借鉴文献 1：《环保产业发展综合绩效评价指标框架》的二级指标“经济因素”
	借鉴文献 10：《环保产业绩效评价指标体系》的二级指标“经济因素”
	在产业发展环境下，经济因素中的经济发展速度和城镇化水平在参考文献中出现的机会比较少，在 C1 和 C10 中出现；经济景气程度在上述两篇参考文献中均未出现过

<table>
<tr><td rowspan="7">产业发展环境</td><td>政策因素
借鉴文献 6：《环保产业绩效评价指标体系》的二级指标“经济政策”</td></tr>
<tr><td>借鉴文献 10：《环保产业绩效评价指标体系》的二级指标“经济因素”</td></tr>
<tr><td>在产业发展环境下，政策因素中的新增或修订环保法规、标准数量，在参考文献中出现的机会比较少，在 C6（环境保护价格政策、环保投资及补助政策、税费优惠政策）和 C10（经济政策）中出现</td></tr>
<tr><td>市场因素
借鉴文献 4：《产业发展状况评价指标体系》的二级指标“产业规模”；</td></tr>
<tr><td>借鉴文献 5：《产业发展状况评价指标体系》的二级指标“产业规模”</td></tr>
<tr><td>借鉴文献 6：《环保保护相关产业分布评价指标体系》的二级指标“产业规模”</td></tr>
<tr><td>在产业发展环境下，市场因素中的应收账款周转率，在参考文献中出现的机会比较多，在 C4（营业收入）、C5（营业收入）和 C6（年营业收入）中出现；应收账款回收率、新增市场规模、政策性环保投资在上述三篇参考文献中均未出现过</td></tr>
<tr><td rowspan="16">产业发展能力</td><td>运营能力
借鉴文献 2：《环保产业绩效评价实证研究》—宏观产业评价的二级指标“效益提高”，微观产业评价的二级指标“盈利能力”</td></tr>
<tr><td>借鉴文献 4：《产业发展状况评价指标体系》的二级指标“产业规模”</td></tr>
<tr><td>借鉴文献 5：《产业发展状况评价指标体系》的二级指标“效益指标和产业规模”</td></tr>
<tr><td>借鉴文献 6：《环境保护相关产业发展能力指标体系》的二级指标“生产率、生产要素、盈利能力、竞争力和产业规模”</td></tr>
<tr><td>借鉴文献 11：《环保产业统计指标体系》的二级指标“营业利润率、资产贡献率和总资产周转率”</td></tr>
<tr><td>借鉴文献 12：《安徽省环保产业发展情况综合评价指标体系》的二级指标“产业平均利润率和产业总资产贡献率”</td></tr>
<tr><td>在产业发展能力下，运营能力中的固定资产周转率、总资产周转率和环保业务利润率，在参考文献中出现的机会比较多，在 C2（宏观：利润率；微观：主营业务利润率）、C4（营业收入、利润率）、C5（营业收入、利润率）、C6（年营业收入、利润率）、C11（营业利润、营业收入、利润总额）、C12（全社会利润总额和社会总资本）中出现；净资产收益率在上述六篇参考文献中均未出现过</td></tr>
<tr><td>融资能力
借鉴文献 6：《环境保护相关产业发展能力指标体系》的二级指标“环保投资”</td></tr>
<tr><td>在产业发展能力下，融资能力中的财政拨款及政策性贷款额在参考文献中出现的机会比较少，在 C6（环保专项资金、预算内基本建设资金、环境转移支付政策以及排污收费）中出现；上市公司总数、银行及信用社贷款额、私募股权融资额和企业债券融资额在上述参考文献中未出现过</td></tr>
<tr><td>技术创新能力
借鉴文献 2：《环保产业绩效评价实证研究》—宏观产业评价的二级指标“技术进步”</td></tr>
<tr><td>借鉴文献 3：《环境综合服务业发展指数》的二级指标“技术指标”</td></tr>
<tr><td>借鉴文献 4：《产业发展状况指标体系》的二级指标“技术状况”</td></tr>
<tr><td>借鉴文献 6：《产业发展状况指标体系》的二级指标“技术水平”</td></tr>
<tr><td>借鉴文献 9：《大连市环保竞争力评价指标体系》的二级指标“投入类和产出类”</td></tr>
<tr><td>借鉴文献 11：《环保产业统计指标体系》的二级指标“高新企业占比和知识产权授权量”</td></tr>
</table>

产业发展能力	在产业发展能力下，技术创新能力中的研发人员数量在参考文献中出现的机会比较少，在C6（人才结构）、C9（中高级职称人数、具有环保技术开发能力单位数、年内环保技术开发投资、环保技术专利项数和独立开发环保技术项数）中出现；研发机构数量在参考文献中出现的机会比较少，在C9（中高级职称人数、具有环保技术开发能力单位数、年内环保技术开发投资、环保技术专利项数和独立开发环保技术项数）、C11（高新企业数和企业数量，知识产权授权量、专利权或软件和著作权登记数量）中出现；内部研发经费支出在参考文献中出现的机会比较少，在C4（研发经费投入）和C6（研发经费）中出现；专利授权数量在参考文献中出现的机会比较多，在C3（新增专利数）、C4（获得专利）、C9（中高级职称人数、具有环保技术开发能力单位数、年内环保技术开发投资、环保技术专利项数和独立开发环保技术项数）、C11（高新企业数和企业数量，知识产权授权量、专利权或软件和著作权登记数量）中出现；环保技术转让收入在参考文献中出现的机会比较少，在C2（宏观：技术转让收入占比）中出现；技术获取和技术改造经费支出、参与标准制修订数量和环保产品新产品销售收入在上述6篇参考文献中均未出现过
	国际竞争力 借鉴文献2：《环保产业绩效评价实证研究》—宏观产业评价的二级指标“国际竞争力”
	在产业发展能力下，国际竞争力中的净出口率在参考文献中出现的机会比较少，在C2（宏观：出口合同额占总合同额的比重）出现；出口收入占比在上述参考文献中未出现过
产业发展贡献	**污染去除** 借鉴文献7：《经济社会绩效指标体系》的二级指标“污染物处理能力”
	借鉴文献8：《辽宁省环保产业发展评价指标体系》的二级指标“‘三废’资源综合利用率”
	借鉴文献10：《环保产业绩效评价指标体系》的二级指标“产业环境效益”
	借鉴文献 11：《环保产业统计指标体系》的二级指标“水污染减少量、大气污染减少量、固体废物污染减少量和土壤修复量”
	在产业环保贡献下，污染去除中的水、大气和固体废物及生活垃圾环境在参考文献中出现的机会比较多，在C7（污水日/年处理量，COD日/年处理量，氨氮日/年处理量，二氧化硫日/年处理量，氮氧化物日/年处理量，固废日/年处理量）、C8、C10、C11（废水处理量）中出现
	资源再生 借鉴文献7：《经济社会绩效指标体系》的二级指标“资源、能源节约能力”
	借鉴文献8：《辽宁省环保产业发展评价指标体系》的二级指标“‘三废’资源综合利用率”
	借鉴文献 11：《环保产业统计指标体系》的二级指标“水污染减少量、大气污染减少量、固体废物污染减少量和土壤修复量”
	在产业环保贡献下，资源再生中的土壤修复和固体废物综合利用量在参考文献中出现的机会比较多，在C7（土壤修复量、固体废物日/年处理量）、C8（固体废物处理量）和C11中出现；再生水在上述三篇参考文献中均未出现过

表 3-4　其他行业相关研究二级指标借鉴

产业发展基础	产业规模 借鉴文献 1：《中国文化产业发展指数指标体系》的二级指标“文化产业发展规模”
	借鉴文献 2：《中国制造业发展指数指标体系》的二级指标“经济总量”
	借鉴文献 3：《服务业评价指标体系》的二级指标“增加值和就业人数”
	借鉴文献 4：《现代服务业发展评价指标体系》的二级指标“人口环境和经济贡献”
	借鉴文献 5：《高新技术产业发展水平的综合评价指标体系》的二级指标“FDI/全社会固定资产投资额、高新技术产业增加值/国内生产总值、高新技术制造业增加值/全部制造业增加值和高新技术产业增加值/高新技术产业产值”
	借鉴文献 8：《装备制造业子产业发展水平和模式的指标体系》的二级指标“企业单位数、工业总产值和主营业务收入”
	在产业发展基础下，产业规模中的企业总数、从业人员和工业/服务业增加值在参考文献中出现的机会比较多[1]，在 R2[2]、（资产总额）R3、R4、R5、R7 和 R8 中出现；年内新增固定资产投资在参考文献中出现的机会较少[3]，在 R5（FDI/全社会固定资产投资额）中出现，环保业务营业收入和总产值在参考文献中出现的机会较少，在 R2 和 R8 中出现
	产业结构 借鉴文献 1：《中国文化产业发展指数指标体系》的二级指标“产业结构
	借鉴文献 4：《现代服务业发展评价指标体系》的二级指标“经济贡献”
	在产业发展基础下，产业结构中的产业集中度和服务业比例在参考文献中出现的机会比较少，只在 R1 中出现；服务业比例在出现的机会比较少，在 R4（现代服务业生产总值占 GDP 比重）中出现；内资比例在上述两篇参考文献中均未出现过
产业发展环境	经济因素 借鉴文献 3：《服务业评价指标体系》的二级指标“发展潜力指标”
	借鉴文献 4：《现代服务业发展评价指标体系》的二级指标“城市化水平和科技创新潜力”
	在产业发展环境下，经济因素中的经济发展速度在参考文献中出现的机会比较少，在 R3（人均 GDP）中出现；城镇化水平在参考文献中出现的机会比较少，在 R3 和 R4 中出现；经济景气程度在上述两篇参考文献中均未出现过
	政策因素 借鉴文献 1：《中国文化产业发展指数指标体系》的二级指标“文化产业法制状况、文化产业资助状况”
	在产业发展环境下，政策因素中的新增或修订环保法规、标准数量，在参考文献中出现的机会比较少，在 R1（文化产业法制状况，文化产业资助状况）中出现
	市场因素 在上述参考文献中均未出现过
产业发展能力	运营能力 借鉴文献 7：《产业发展状况评价指标体系》的二级指标“流动资产周转率”
	在产业发展能力下，运营能力中的总资产周转率，在参考文献中出现的机会比较少，在 R7（流动资产周转率）中出现；固定资产周转率、净资产收益率和环保业务利润率在上述参考文献中未出现过

产业发展能力	**融资能力** 借鉴文献 6：《科技金融发展指数》的二级指标“财政拨款力度和科技贷款力度”
	在产业发展能力下，融资能力中的财政拨款及政策性贷款额和银行及信用社贷款额在参考文献中出现的机会比较少，在 R6（金融机构科技贷款额/科技经费支出和财政科技拨款/财政支出）中出现；上市公司总数、私募股权融资额、企业债券融资额在上述参考文献中未出现过
	技术创新能力 借鉴文献 2：《中国制造业发展指数指标体系》的二级指标“经济总量”
	借鉴文献 5：《高新技术产业发展水平的综合评价指标体系》的二级指标“FDI/全社会固定资产投资额、高新技术产业增加值/国内生产总值、高新技术制造业增加值/全部制造业增加值和高新技术产业增加值/高新技术产业产值”
	借鉴文献 6：《科技金融发展指数》的二级指标“财政拨款力度和科技贷款力度”
	借鉴文献 7：《产业发展状况评价指标体系》的二级指标“流动资产周转率”
	借鉴文献 8：《装备制造业子产业发展水平和模式的指标体系》的二级指标“企业单位数、工业总产值和主营业务收入”
	在产业发展能力下，技术创新能力中的研发人员数量、研发机构数量、内部研发经费支出和专利授权数量在参考文献中出现的机会比较多，R2（制造业 R&D 人员全时当量、制造业 R&D 经费）、R5、R6、R7 和 R8 中出现；环保产品新产品销售收入在参考文献中出现的机会比较少，在 R2（新产品产值率）中出现；技术获取和技术改造经费支出、参与标准制修订数量和环保技术转让收入在上述 5 篇参考文献中均未出现过
	国际竞争力 借鉴文献 5：《高新技术产业发展水平的综合评价指标体系》的二级指标“高新技术产品出口额/商品出口总额，高新技术产品出口额/全球全部工业制造品出口总额”
	借鉴文献 6：《科技金融发展指数》的二级指标“出口产出率”
	借鉴文献 8：《装备制造业子产业发展水平和模式的指标体系》的二级指标“出口交货值、外商资本、港澳台资本”
	在产业发展能力下，国际竞争力中的出口收入占比在参考文献中出现的机会比较少，在 R5（高新技术产品出口额/商品出口总额，高新技术产品出口额/全球全部工业制造品出口总额）出现；净出口率在参考文献中出现的机会比较少，在 R6（出口产出率）和 R8（出口交货值）中出现
产业环保贡献	**污染去除** 借鉴文献 2：《中国制造业发展指数指标体系》的二级指标“环境保护”
	借鉴文献 7：《产业发展状况评价指标体系》的二级指标“工业‘三废’达标率”
	借鉴文献 8：《装备制造业子产业发展水平和模式的指标体系》的二级指标“工业废气排放量、工业废水排放量和一般固体废物产生量”
	借鉴文献 9：《制造业环境资源保护能力指标指标体系》的二级指标“废水、粉尘和固体废物”
	在产业环保贡献下，污染去除中的水、大气和固体废物及生活垃圾环境在参考文献中出现的机会比较多，在 R2（单位产值废水排放指数、单位产值废气排放指数和单位产值固体废物排放指数）、R7（废水、废气和固体废物产生量）、R8（工业废气排放量、工业废水排放量和一般固体废物产生量）和 R9（废水、粉尘和固体废物）中出现

产业环保贡献	**资源再生** 借鉴文献 7：《经济社会绩效指标体系》的二级指标“工业‘三废’达标率”
	借鉴文献 9：《制造业环境资源保护能力指标指标体系》的二级指标“废水、粉尘、固体废物和综合”
	在产业环保贡献下，资源再生中的固体废物综合利用量在参考文献中出现的机会比较多，在 R7（废水、废气和固体废物处理量）、R9（废弃物综合利用）和 R11 中出现；再生水和土壤修复在上述两篇参考文献中均未出现过

对于参考文献中的标志性成果，本研究从指标设计、指数测度与实证两个方面进行梳理，结果如表 3-5 所示。

表 3-5　环保产业与相关产业发展评价指标体系成果梳理

作者	主要评价指标	实证研究
程亮等（环保产业，2015）	从环保产业发展的外部环境、现状与效益两方面设立两个一级指标，包括政策法律因素、经济因素、社会因素、技术因素以及产业规模、产业结构、产业经济效益和产业环境效益 9 个二级指标 20 个具体指标的指标体系	提出框架，没做实证研究
薛婕等（环保产业，2013）	基于环保产业绩效评估框架分别从产业和企业两个层面构建环保产业绩效评估指标体系，产业层面包括经济社会绩效和环境保护绩效两个一级指标，其中又包括经济总量、对经济增长的贡献、对产业结构调整的贡献、对就业的贡献和节能减排效果等 7 个二级指标，以及环保产业总产值、工业增加值、环保产业就业人数/就业人员总数和单位国内生产总值能耗等 18 个三级指标的指标体系；企业层面与产业层面类似，同基于环保产业绩效评估框架，不再赘述	提出框架，没做实证研究
廉萌等（环保产业，2016）	建立了包括规模性指标、效益性指标、结构性指标和发展性指标的 4 个一级指标，环保产业职工人数、产业结构系数、高级职工人数/总人数等 12 个具体指标的指标体系	运用层次分析法对辽宁省环保产业发展状况进行分析
李宝娟等（环保产业，2015）	宏观产业层面，目标层（自身水平、外部影响、发展能力）、9 个一级指标 27 个二级级指标。微观企业层面，目标层（经济发展绩效、环境保护绩效、技术创新绩效）、8 个一级指标，18 个二级指标	环保产业绩效评价实证研究——宏观产业评价；环保产业绩效评价实证——微观企业评价；环保产业绩效评价案例研究——宜兴案例；环保产业地区绩效评价案例研究——湖北省案例

作者	主要评价指标	实证研究
胡惠林等（文化业，2012）	建立了文化产业发展水平、文化产业布局及结构、社会经济基础和文化产业政策等16个一级指标，文化产业发展规模、文化产业集中程度、文化产业就业贡献、文化领域人才资源和文化产业资助状况等 52 个二级指标，以及91个三级指标的指标体系	采用变异系数法与主成分分析法相结合的客观权重方法测评中国境内 31 个省域的文化产业发展指数
马珩等（制造业，2011）	建立了包括经济创造能力、科技创新能力和资源环境保护能力 3 个一级指标，经济总量、科技投入、科技产出和环境保护等 6 个二级指标，制造业总产值、制造业就业人口、制造业 R&D 经费、人均专利申请量和单位产值废水排放指数等 15 个具体指标的指标体系	等权分配的综合指数法考察中国制造业 2003—2009 年的发展轨迹
任英华等（现代服务业，2009）	建立了包括总体现状、各行业水平和发展潜力 3 个一级指标，发展规模、经济贡献、人均公共服务水平、城市化水平和科技创新潜力、文化产业市场潜力等10个二级指标，现代服务业生产总值、现代服务业固定资产投资额、现代服务业从业人员和城市化水平等43个三级指标的指标体系	以长沙市为例，二级和三级指标权重的确定采用因子分析法、一级指标的权重采用层次分析法的模糊综合评价
唐中赋等（高新技术产业，2003）	建立了包括投入水平、产出水平、效益水平和潜力水平 4 个一级指标，高新技术研究开发经费/高新技术产业销售额、高新技术研究开发人员/高新技术产业职工总数、企业研究开发经费/研究开发总经费、高新技术制造业增加值/全部制造业增加值、高新技术产品出口额/商品出口总额和高新技术成果利用率等 16 个定量分指标的指标体系	专家咨询方法主观确定权重的综合指数法测度我国高新技术产业发展水平

由表 3-5 可知，目前虽然没有较为成熟的环保产业发展指数研究成果，但环保产业绩效、企业竞争力评价、发展效果测度等方面研究成果较为丰富，可以为本研究所借鉴。此外，与环保产业具有一定相似性的产业，如文化业（公共属性）、制造业、现代服务业和高新技术产业等，也已出现了相关的产业发展指数成果，亦可为本研究所借鉴。

3.3 环保产业发展指数指标的筛选

本研究从环保产业发展基础、产业发展环境、产业发展能力表征解析入手，借鉴已有研究成果，综合考虑指标体系的系统性、代表性、可获取性和易计量性，筛选环保产业发展指标。

指标体系设计经历 3 次调整，形成了由初稿至终稿的四套指标，在不损失完整性的情况下，由繁至简，具体指标的代表性越来越显著，基本过程如下。

3.3.1 第一次指标体系

在参考其他相关产业及环保产业相关研究的基础上，从我国国情出发，针对环保产业特征，设计了一套科学系统的环保产业发展指数指标体系，称为第一次指标体系。该指标体系由环保产业基础、产业发展环境、产业发展能力和产业环保贡献四个子系统综合而成，其包括 4 个一级指标、11 个二级指标、55 个具体指标。4 个一级指标包括：产业发展基础、产业发展环境、产业发展能力和产业环保贡献；11 个二级指标包括：产业规模、产业结构、经济因素、政策因素、市场因素、营运能力、融资能力、技术创新能力、国际竞争力、污染去除和资源再生；55 个具体指标分属于不同的二级指标（表 3-6）。

表 3-6 环保产业发展指数第一次指标体系

一级指标	二级指标	具体指标
产业发展基础	产业规模	企业总数
		从业人员
		资产总计
		年内新增固定资产投资
		环保业务营业收入
		总产值
		工业/服务业增加值
	产业结构	产业集中度
		服务业比例
		内资比例
产业发展环境	经济因素	经济景气程度
		经济发展速度
		城市化水平
	政策因素	新增或修订环保法规、标准数量
	市场因素	应收账款周转率
		应收账款回收率
		新增市场规模
		政策性环保投资
产业发展能力	营运能力	固定资产周转率
		总资产周转率
		净资产收益率
		环保业务利润率

一级指标	二级指标	具体指标
产业发展能力	融资能力	上市公司总数
		银行及信用社贷款额
		私募股权融资额
		企业债券融资额
		财政拨款及政策性贷款额
	技术创新能力	研发人员数量（包括博士学历或中级以上职称）
		研发机构数量
		技术获取和技术改造经费支出
		专利授权数量（包括发明专利授权数量）
		参与标准制修订数量（包括主持制修订数量）
		环保产品新产品销售收入
		环保技术转让收入
	国际竞争力	出口占比
		净出口率
产业环保贡献	污染去除	水
		大气
		固体废物及生活垃圾
	资源再生	再生水
		土壤
		能耗

为了精化指标，在第一次指标的基础上，课题组以第一批试调研的 38 家企业数据为样本，进行发展指数的试测算。

在权重方面，采用主客观对比分析法。主观赋权以近 200 份专家调研问卷为基础，应用层次分析法确定权重；客观赋权以 38 个重点企业为统计分析样本，采用熵权法确定权重。主客观权重结果显示，两种赋权方式不同指标的确权结果基本一致，说明熵权法和层次分析法作为本研究的确权方法都是科学的。

熵权法是根据统计样本的数据特征进行权重的设置，环保产业作为新兴支柱产业，既具有一般产业的共性，又具有新兴支柱产业的特性，发展过程中有一定的不确定性，加之样本数据采集过程中难免产生随机误差，因此作为首次环保产业发展指数的探索性研究，仅以数据统计特征作为权重设定依据，可靠性略显不足。而层次分析法是基于专家问卷，经过对问卷有效性检验、结果的一致性检验，是一个由主观到客观过渡的权重确定方法，既能够反映出指标之间的重要程度，也集聚了专家的经验与智慧，更能准确反映环保产业发展的特征。

在指标方面，课题组前期运用主成分分析法和相关性分析法筛除了一些相关性较大的指标，并于 2016 年 6 月对指标体系进行如下调整。

（1）“产业发展能力”“产业发展环境”“产业发展基础”合为产业运行指数，“产业环保贡献”不再列入指标体系中，单独提出形成一个指数。

（2）产业协会在调查中发现“应收账款回收率”上报困难，建议去掉。

（3）“经济因素”中应当考虑三产的比例，因此，加入“工业占比”这一指标。

（4）“产业结构”里面的“服务业占比”去掉，保留“生产和服务业占比”这一指标。

（5）“营运能力”中“总资产周转率”“净资产周转率”存在重叠，保留一个指标即可，考虑“总资产周转率”更能全面反映“营运能力”，决定保留“总资产周转率”而删除“净资产周转率”。

（6）增加“第三方投资”指标，以表征废弃物资源化投资和公共设施投资。

（7）“国际竞争力”提升到一级指标上来，但二级指标，以及下属的具体指标还没有合适的指标予以表达，暂不表征。

（8）“企业增加值”不再列入指标体系，而将其独立出来，与“环保产业贡献”一样，都不再作为指数合成的内容，而是作为指数分析的内容，等等。

3.3.2 第二次指标体系

第一次调整后形成如下的环保产业发展指数指标体系（表 3-7），将之命名为第二次环保产业发展指数指标体系。该指标体系包括产业发展基础、产业发展环境、产业发展能力和国际竞争力 4 个一级指标，产业规模、产业结构、经济因素、市场因素、营运能力、第三方投资、融资能力和技术创新能力 8 个二级指标，以及从业人员、资产总计、年内新增固定资产投资等具体指标 32 个。

表 3-7 环保产业发展指数第二次指标体系

	一级指标	二级指标	具体指标
环保产业运行指数	产业发展基础	产业规模	从业人员
			资产总计
			年内新增固定资产投资
			环保业务营业收入
		产业结构	产业集中度
			生产类和服务业类比例
			内资比例

	一级指标	二级指标	具体指标
环保产业运行指数	产业发展环境	经济因素	经济景气程度
			经济发展速度
			城市化水平
			工业占比
		市场因素	应收账款周转率
			应收账款回收率
	产业发展能力	营运能力	固定资产周转率
			总资产周转率
			净资产收益率
			环保业务利润率
		第三方投资	废弃物资源化投资
			公共设施投资
		融资能力	上市公司总数
			银行及信用社贷款额
			私募股权融资额
			企业债券融资额
			财政拨款及政策性贷款额
		技术创新能力	研发人员数量（包括博士学历或中级以上职称）
			研发机构数量
			内部研发经费支出
			技术获取和技术改造经费支出
			专利授权数量（包括发明专利授权数量）
			参与标准制修订数量（包括主持制修订数量）
			环保产品新产品销售收入
			环保技术转让收入
	国际竞争力		

3.3.3　第三次指标体系

为了增加调研的时效性，使调研指标更加精简，课题组于 2016 年 7 月开展了基于专家问卷咨询的层次分析权重确定工作，其中专家咨询以问卷的形式开展，调查问卷的形式如附录 1 所示。咨询对象包括环保专家、经济学家、企业家、政府机关人员和社会公众，定向发放问卷近 200 份，往复 3 轮，通过有效性检验的问卷 59 份。问卷具体结果如附录 2 所示。

为了对前期问卷结果进一步分析，明确权重以及指标体系的部分问题，课题组成员于 2016 年 8 月进行了集中研讨，在与相关专家充分交流的基础上，形成如下调整意见：

（1）“产业发展能力”下，“总资产周转率”和“固定资产周转率”有重叠，建议只留“总资产周转率”，最后确定“营运能力”的三级指标为“三率”，即“总资产周转率”“净资产收益率”和“环保业务利润率”。

（2）“投资能力”不再细分投资来源，只计算投资总额。

（3）为了让指标具有针对性，“利润率”改为“环保业务利润率”。

（4）由于“国际竞争力”中“净出口率”填报效果不好，而且“净出口率”无法体现我国环保产业在在国际市场上的水平，因此具体指标建议只保留“出口收入占比”。

经过上述调整，形成了第三次环保产业发展指数指标体系（表 3-8）。该指标体系中包括投入和产出两个部分，其中投入部分，一级指标为产业发展基础、产业发展环境和产业发展能力 3 个，二级指标包括产业规模、产业结构、经济因素、市场因素、营运能力、投资能力、融资能力、技术创新能力和出口能力 9 个，以及具体指标 27 个。

表 3-8　环保产业发展指数第三次指标体系

	一级指标	二级指标	具体指标
投入部分	产业发展基础	产业规模	从业人员
			资产总计
			年内新增固定资产投资
			环保业务营业收入
		产业结构	产业集中度
			服务业比例
			内资比例
	产业发展环境	经济因素	经济景气程度
			经济发展速度
			城市化水平
			工业占比
		市场因素	应收账款周转率
	产业发展能力	营运能力	总资产周转率
			净资产收益率
			环保业务利润率
		投资能力	投资总额

	一级指标	二级指标	具体指标
投入部分	产业发展能力	融资能力	上市公司总数
			银行及信用社贷款额
			私募股权融资额
			企业债券融资额
			财政拨款及政策性贷款额
		技术创新能力	研发人员数量（包括博士学历或中级以上职称）
			内部研发经费支出
			专利授权数量（包括发明专利授权数量）
			参与标准制修订数量（包括主持制修订数量）
			环保技术转让收入
		出口能力	出口收入占比
产出部分	产业环保贡献	污染去除	气
			水
			固废
			生活垃圾
		资源再生	气
			水
			固废
			生活垃圾
		土壤修复	
	产业增加值		

3.3.4 环保产业发展指数指标体系终稿

为了检测指数指标体系构建的实用性和可行性，课题组于 2016 年 10 月开展了以上市公司数据为样本的环保产业发展指数测评工作，并于 2016 年 12 月，邀请环保产业专家、环保工程专家、工商管理专家以及相关领域政府部门领导 10 余人，召开了“中国环保产业发展指数构建与环保上市企业试测评研讨会”，共同研讨未决难题，包括指标优化及权重的再斟酌，对第三次指标体系作出了如下调整：

（1）专家建议可以在市场因素里考虑社会环保投资，因此将“全社会环保投资”列入二级指标“政策因素”之中。

（2）重点企业调研数据显示，企业普遍无法提供细碎的融资指标，因此将前两次指标体系中表征“融资能力”的“银行及信用社贷款额”“私募股权融资额”“企业债券融资额”和“财政拨款及政策性贷款额”删除，统一用“融资总额”来表征。此外，以“财政拨款及政策性贷款额占比”这一相对数表示政府方面对环保产业的财政支持。

（3）专家建议填补表征“投资能力”的具体指标，因此将“环保项目投资”列入二级指标“投资能力”之中。

经过上述调整，形成了环保产业发展指数指标体系终稿，具体内容如下：

表 3-9　环保产业发展指数指标体系

一级指标	二级指标	三级指标
产业发展基础	产业规模	从业人员
		资产总计
		年内新增固定资产投资
		环保业务营业收入
	产业结构	产业集中度
		服务业比例
		内资比例
产业发展环境	经济因素	经济景气程度
		经济发展速度
		城镇化水平
		工业占比
	政策因素	全社会环保投资
	市场因素	应收账款周转率
产业发展能力	营运能力	总资产周转率
		净资产收益率
		环保业务利润率
	融资能力	上市企业总数
		融资总额
		财政拨款及政策性贷款额占比
	投资能力	环保项目投资
	技术创新能力	研发人员数量
		研发经费支出
		专利授权数量
		参与标准制修订数量
		环保产业技术转让收入
	出口能力	环保业务出口收入占比

由表 3-9 可知，精简后的环保产业发展指数指标体系由三层次指标构成，具体包括 3 个一级指标、10 个二级指标和 26 个三级指标。

一级指标：包含产业发展基础、产业发展环境和产业发展能力3项一级分指标，发展基础和发展能力用于衡量产业自身所具备的发展条件，发展环境用于衡量外环境对产业发展的影响。

二级指标：二级指标的设计旨在从不同方面体现环保产业在发展基础、发展环境或发展能力所具备的条件。本研究共设计了10个二级指标，分别是产业规模、产业结构、经济因素、政策因素、营运能力、融资能力、投资能力、技术创新能力和出口能力。其中产业规模和产业结构2项指标用于表征环保产业的发展基础，经济因素、政策因素和市场因素3项指标用于表征环保产业的发展环境，营运能力、投资能力、融资能力、技术创新能力和出口能力5项指标用于表征环保产业的发展能力或者说潜力。

三级指标：其为具体指标，具体指标根据环保产业的自身特点并参考其他产业发展指数的研究成果而选取。在此仅对三项特殊的具体指标加以说明：①作为战略性新兴产业，相关政策对环保产业的发展至关重要，因此应作为发展环境的影响因素之一，但政策本身很难量化标度，因此以社会环保投资作为政策影响的表征指标；②环保产业具有服务业特性，服务内容包括生活污水和垃圾的处理与资源化，以及其他产业（主要是工业）的污染防控与治理，因此经济发展形势、城镇化水平和工业规模都对环保产业的发展产生影响，因此将以上指标列入经济因素中；③目前环保产业的出口占比较低，对产业发展的影响并不显著，但是伴随“一带一路”倡议的实施及产业自身发展壮大的需求，环保产业走出去是历史必然，因此将出口能力作为发展能力的表征指标之一。指标的具体解释如下：

（1）“从业人员”指年末在调查对象中工作的从业人员实有数，是在岗职工、劳务派遣人员及其他从业人员期末人数之和。不包括离开本单位仍保留劳动关系的职工。

（2）“资产总计”=（年初资产总额+年末资产总额）/2。

其中：“年初资产总额”“年末资产总额”指调查对象在从事生产经营活动时拥有或控制的能以货币计量的经济资源，包括各种财产、债权和其他权利。资产按其流动性（即资产的变现能力和支付能力）划分为流动资产、长期投资、固定资产、无形资产、递延资产和其他资产。根据会计“资产负债表”中“资产总计”项的年初数和年末数填列。

（3）“年内新增固定资产投资”指调查对象在调查年度内追加的用于环保产业的固定资产投资额。包括基本建设投资、环保更新改造及其他固定资产投资等。其中：基本建设投资指调查对象以扩大环境保护产品生产能力或工程效益为主要目的的新建、扩建工程及有关工作的投资。

环保更新改造及其他固定资产投资指调查对象对原有用于环境保护经营活动的设施进行固定资产更新和技术改造，以及相应配套的工程和有关工作的投资。

（4）“环保业务营业收入”指调查对象调查年度内环保相关业务的营业收入。例如，调查对象主营业务为环保业务，则该项为“主营业务收入”；调查对象主营业务不是环保业务，则根据“其他业务收入”中与环保相关业务的营业收入填列。

（5）“产业集中度”也叫市场集中度，是指某行业内少数几个企业的生产量、销售量、资产总额等对某一行业的支配程度，它一般以这几家企业某项指标之和占该行业该项指标总量的百分比来表示。本研究中以营业收入进行产业集中度表征，计算公式如下：

产业集中度=前 10%企业的营业收入之和/全产业营业收入

行业集中度=前 10%企业的营业收入之和/全行业营业收入

（6）“服务业比例”指环境服务类企业增加值占被调研企业增加值的比例。服务业比例=环境服务类企业增加值/重点调研企业样本增加值。

其中：“企业增加值”是指调查对象调查年度内总产出扣除中间消耗和转移之后的价值。如调查对象曾参与相关统计调查，有“企业增加值”或“工业增加值”数据，则直接填写。如调查对象未统计过增加值数据，则按照收入法（分配法）计算增加值，计算公式如下：

增加值 = 劳动者报酬 + 生产税净额 + 固定资产折旧 + 营业盈余

其中：劳动者报酬指劳动者从事生产活动而从生产单位得到的各种形式的报酬。劳动者报酬有 3 种基本形式：①货币工资及收入，包括企业支付给劳动者的工资、薪金、奖金、各种津贴；②实物工资，包括企业以免费或低于成本价提供给劳动者的各种物质产品和服务；③由企业为劳动者个人支付的社会保险，具体包括生产单位向政府和保险部门支付的劳动、待业、人身、医疗、家庭财产等保险。本项可根据统计或会计资料分析归纳取得。主要有工资（根据“应付工资”科目贷方发生额取得），福利费（根据“应付福利费”科目的贷方发生额取得），保险费（根据管理费用科目或“管理费用明细表”中的劳动保险费、待业保险费等项归纳取得）。

生产税净额指企业向政府交纳的生产税与政府向企业支付的生产补贴相抵后的差额。生产税主要包括营业税、增值税、资源税、教育费附加、房产税、车船使用税、印花税、土地使用税、进口税等，以及按规定交纳的各种费用，如水资源费和水、电、煤附加等。根据产品销售税金及附加项（包括营业税、土地使用税）加上增值税应纳税额和“管理费用”科目的税金项（包括房产税、车船使用税、印花税、土地使用税）取得。交纳的各种费用根据企业“生产成本”“制造费用”等明细科目取得。生产补贴是政府既为控制价格又要扶持生产而支付给生产部门的补贴，包括价格补贴和亏损补贴。根据会计“损益表”“利润分配表”有关科目取得。生产税补贴与生产税相反，是政府对生产单位的单方面收入转移，因此视为负生产税处理，包括政策亏损补贴、粮食系统价格补贴、外贸企业出口退税收入等。要注意的是：①针对非生产活动而征收的税费如所得税、财产税、遗产税等不属于生产税范畴；②生产补贴不包括政府对生产单位固定资产的补助，也不包括对消费者的转移支付。

固定资产折旧指固定资产在使用过程中，通过逐年损耗（包括有形损耗和无形损耗）而转移到产品成本的那部分价值。固定资产折旧由两部分组成，一部分是按规定比率提取的折旧；另一部分是为恢复固定资产在使用过程中已损耗部分的价值而发生的大修理费用。本项中的折旧从资产负债表取得。大修理费用可从“制造费用”有关明细科目或“预提费用”有关明细科目贷方发生额取得。亦可根据“累计折旧”科目，本期贷方累计发生额填列。

营业盈余指生产单位的总产出扣除中间消耗、劳动报酬、生产净税额和固定资产消耗以后的余额，相当于生产单位在生产环节上所获得的营业利润，但要扣除利润中支付给劳动者个人的部分。

营业盈余 = 营业利润−转作奖金的利润

（7）“内资比例”是实收资本中的内资占比。计算公式如下：

内资比例=（国家资本+集体资本+法人资本+个人资本）/实收资本

其中：国家资本指有权代表国家投资的政府部门或机构以国有资产投入企业形成的资本。不论企业的资本是哪个政府部门或机构投入的，只要是以国家资本进行投资的，均作为国家资本。

集体资本指由本企业劳动群众集体所有和集体企业联合经济组织范围内的劳动群众集体所有的资产投入形成的资本金。

法人资本指其他法人单位投入本企业的资本。

个人资本指社会个人或者本企业内部职工以个人合法财产投入企业形成的资本。

实收资本指投资者作为资本投入企业的各种财产，是企业注册登记的法定资本总额的来源，它表明所有者对企业的基本产权关系。

（8）“经济景气程度”指宏观经济景气指数（一致指数）。

（9）“经济发展速度”指 GDP 增速。

（10）“城镇化水平”指城镇人口占总人口的比重。

（11）“工业占比”指全国工业增加值占全国 GDP 总量的比重。

（12）“社会环保投资”指国家财政对环境保护的投资。

（13）“应收账款周转率”指报告期内应收账款转为现金的平均次数。应收账款周转率越高，平均收现期越短，说明应收账款的收回越快。计算公式如下：

应收账款周转率＝营业收入/[（年初应收账款＋年末应收账款）/2]

其中：营业收入指调查对象调查年度内经营主要业务和其他业务所确认的收入总额。营业收入合计包括“主营业务收入”和“其他业务收入”。根据会计“利润表”中“营业收入”项目的金额数填报。

年初应收账款和年末应收账款指调查对象因销售商品、提供劳务等经营活动，应向购货单位或接受劳务单位收取的款项，主要包括企业销售商品或提供劳务等应向有关债务人收取的价款及代购货单位垫付的包装费、运杂费等。根据资产负债表中“应收账款”项目的期初数和期末数分别填列。

（14）“总资产周转率”是营业总收入与平均总资产的比值，反映资产总额的周转速度。计算公式如下：

总资产周转率＝营业收入/［（年初资产总额＋年末资产总额）/2］

其中：营业收入指调查对象调查年度内经营主要业务和其他业务所确认的收入总额。营业收入合计包括“主营业务收入”和“其他业务收入”。根据会计“利润表”中“营业收入”项目的金额数填报；

年初应收账款和年末应收账款指调查对象因销售商品、提供劳务等经营活动，应向购货单位或接受劳务单位收取的款项，主要包括企业销售商品或提供劳务等应向有关债务人收取的价款及代购货单位垫付的包装费、运杂费等。根据资产负债表中“应收账款”项目的期初数和期末数分别填列。

（15）“净资产收益率”是公司税后利润除以净资产得到的百分比率，该指标反映股东权益的收益水平。计算公式如下：

净资产收益率=净利润/［（资产总计−负债总计）/2］

其中：净利润指调查对象调查年度内在利润总额中按规定交纳了所得税后公司的利润留成，一般也称为税后利润或净利润，根据会计“利润表”中“净利润”项目的金额数填报。

资产总计如“资产总计”指标解释所示。

负债总计指调查对象在从事生产经营活动中所承担的能以货币计量，将以资产或劳务偿付的债务，偿还形式包括货币、资产或提供劳务。负债一般按偿还期长短分为流动负债和长期负债。根据会计“资产负债表”中“负债合计”的期末数填列。

（16）“环保业务利润率”为一定时期的环保业务净利润与营业收入的比率。计算公式如下：

环保业务利润率=环保业务净利润/环保业务营业收入

其中：环保业务净利润指调查对象调查年度内通过环保业务获得的净利润。如调查对象主营业务为环保业务，则可直接按会计“利润表”中的“净利润”填列；如主营业务不是环保业务，则需单独计算环保业务带来的净利润。

环保业务营业收入如“环保业务营业收入”指标解释所示。

（17）“上市企业总数”。

（18）“融资总额”指调查对象调查年度内新增的融资总额。

（19）“财政拨款及政策性贷款额占比”指企业年内新增的中央和地方各级财政部门财政拨款以及政策性银行提供的贷款数量，占融资总额的比例。计算公式如下：

财政拨款及政策性贷款额占比=财政性拨款和政策性贷款额/年融资额

其中：财政性拨款和政策性贷款额指调查对象调查年度内新增的中央和地方各级财政部门财政拨款以及政策性银行提供的贷款数量。

年融资额指调查对象调查年度内新增的融资总额。

（20）“环保项目投资”指企业用于环境治理项目投资额。

（21）“研发人员数量”指调查对象科技活动人员中从事环境基础研究、应用研究和试验发展三类活动的人员。包括直接参加上述三类项目活动的人员及这类项目的管理和服务人员。

（22）“研发经费支出”指调查对象调查年度内实际用于某项环境技术研究和试验发展的经费支出。包括实际用于研究与试验发展活动的人员劳务费、原材料费、固定资产构建费、管理费及其他费用支出。

（23）“专利授权数量”指调查对象所获得的授权公告日在调查年度内的发明专利、实用新型专利及外观设计专利的数量之和。

（24）“参与标准制修订数量”指调查对象调查年度内，参与制修订的正式批准发布的国家标准、行业标准，以及国际标准化组织采纳且已经批准发布的国际标准。

（25）“环保产业技术转让收入”指调查对象调查年度内将某项环保技术转让于他人或许可他人使用后所取得的收入总额。

（26）“环保业务出口收入占比”指环保业务出口额和环保业务营业收入的比率。计算公式如下：

环保业务出口收入占比=环保业务出口额 / 环保业务营业收入

3.4 系统指标与实际应用指标体系的比较

环保产业发展指数第一次指标体系是从环保产业特征及其发展阶段出发所建立的系统科学指标体系，环保产业发展指数终稿指标体系是从数据可获取性及辅助决策时效性出发所提炼出的精化的实际应用指标体系。二者对比情况见表 3-10。

表 3-10 环保产业发展指数第一次与终稿指标体系对比表

<table>
<tr><th colspan="3">环保产业发展指数第一次指标体系</th><th colspan="3">环保产业发展指数指标体系终稿</th></tr>
<tr><th>一级指标</th><th>二级指标</th><th>具体指标</th><th>一级指标</th><th>二级指标</th><th>具体指标</th></tr>
<tr><td rowspan="10">产业发展基础</td><td rowspan="7">产业规模</td><td>企业总数</td><td rowspan="10">产业发展基础</td><td rowspan="7">产业规模</td><td>从业人员</td></tr>
<tr><td>从业人员</td><td>资产总计</td></tr>
<tr><td>资产总计</td><td rowspan="2">年内新增固定资产投资</td></tr>
<tr><td>年内新增固定资产投入</td></tr>
<tr><td>环保业务营业收入</td><td rowspan="3">环保业务营业收入</td></tr>
<tr><td>总产值</td></tr>
<tr><td>工业/服务业增加值</td></tr>
<tr><td rowspan="3">产业结构</td><td>产业集中度</td><td rowspan="3">产业结构</td><td>产业集中度</td></tr>
<tr><td>服务业比例</td><td>服务业比例</td></tr>
<tr><td>内资比例</td><td>内资比例</td></tr>
<tr><td rowspan="9">产业发展环境</td><td rowspan="4">经济因素</td><td>经济景气程度</td><td rowspan="9">产业发展环境</td><td rowspan="4">经济因素</td><td>经济景气程度</td></tr>
<tr><td rowspan="2">经济发展速度</td><td>经济发展速度</td></tr>
<tr><td>城镇化水平</td></tr>
<tr><td>城市化水平</td><td>工业占比</td></tr>
<tr><td>政策因素</td><td>新增或修订环保法规、标准数量</td><td>政策因素</td><td>全社会环保投资</td></tr>
<tr><td rowspan="4">市场因素</td><td>应收账款周转率</td><td rowspan="4">市场因素</td><td rowspan="4">应收账款周转率</td></tr>
<tr><td>应收账款回收率</td></tr>
<tr><td>新增市场规模</td></tr>
<tr><td>政策性环保投资</td></tr>
<tr><td rowspan="4">产业发展能力</td><td rowspan="4">运营能力</td><td>固定资产周转率</td><td rowspan="4">产业发展能力</td><td rowspan="4">营运能力</td><td>总资产周转率</td></tr>
<tr><td>总资产周转率</td><td>净资产收益率</td></tr>
<tr><td>净资产收益率</td><td rowspan="2">环保业务利润率</td></tr>
<tr><td>环保业务利润率</td></tr>
</table>

环保产业发展指数第一次指标体系		
一级指标	二级指标	具体指标
产业发展能力	融资能力	上市公司总数
		银行及信用社贷款额
		私募股权融资额
		企业债券融资额
		财政拨款及政策性贷款额
	技术创新能力	研发人员数量（包括博士学历或中级以上职称）
		研发机构数量
		技术获取和技术改造经费支出
		专利授权数量（包括发明专利授权数量）
		参与标准制修订数量（包括主持制修订数量）
		环保产品新产品销售收入
		环保技术转让收入
	国际竞争力	出口占比
		净出口率
产业环保贡献	污染去除	水
		大气
		固体废物及生活垃圾环境
	资源再生	再生水
		土壤
		能耗

环保产业发展指数指标体系终稿		
一级指标	二级指标	具体指标
产业发展能力	融资能力	上市企业总数
		融资总额
		财政拨款及政策性贷款额占比
	投资能力	环保项目投资
	技术创新能力	研发人员数量
		研发经费支出
		专利授权数量
		参与标准制修订数量
		环保产业技术转让收入
	出口能力	环保业务出口收入占比

表 3-10 将第一次指标体系和终稿指标体系进行了对比，第一次指标体系由环保产业基础、产业发展环境、产业发展能力和产业环保贡献 4 个子系统综合而成，其包括 4 个一级指标（产业基础、产业发展环境、产业发展能力和产业环保贡献）、11 个二级指标（产业规模、产业结构、经济因素、政策因素、市场因素、营运能力、融资能力、技术创新能力、国际竞争力、污染去除和资源再生）、55 个具体指标分属于不同的二级指标。项目组提出了第一次环保产业发展指数指标体系后，历经多次调整，在第一、第二、

第三次指标体系反复修订的基础上，形成了目前的环保产业发展指数指标体系终稿。环保产业发展指数指标体系（终稿）由三层次指标构成，具体包括 3 个一级指标、10 个二级指标和 26 个三级指标（表 3-5）。与第一次指标体系相比，指标体系终稿的指标更具有实操性，调查指标更加精简，相关数据可以通过有关途径查询得到，更具实用性和可行性，方便各领域的应用推广。

第 4 章

环保产业发展指数测算方法研究

4.1 多指标去量纲方法筛选

4.1.1 常用方法比较

4.1.1.1 偏差法

偏差法是目前多变量综合分析中使用最多的一种方法。标准化处理需要的原始数据是呈正态分布的，其均值大小将不受数据中极端值、异常值的影响。运用最多的数据标准化方法是基于统计理论的偏差标准化，也叫标准差标准化，经过处理的数据符合标准正态分布，即均值为 0，标准差为 1。

具体公式模型如下：

$$z=\frac{x-\mu}{\sigma} \tag{4.1}$$

式中：z—— 标准化后的数值；

x—— 原始值；

μ—— 平均值；

σ—— 标准差。

其特点是 z 的取值围绕 0 上下波动，z 值的分布仍与相应原 x 值的分布相同，适用于呈正态分布指标值的标准化。偏差法是综合分析中常使用的一种方法，z 值分布较为集中，有效地对异常值和极端值进行了处理，能对单指标进行集中排序比较。处理后的变量均为标准正态分布，消除了各变量在变异程度上的差异。

4.1.1.2 极值法

极值化处理适用于原始数据是正态分布或非正态分布的，但此方法进行无量纲化处理时，与该变量的最大值和最小值这两个极端值密切有关。若最大值与最小值之差很大，采用“极差化”处理所得到的评价值就会过小，相当于降低了它的指标的权重。相反，若最大值与最小值之差不大时，评价值就会过大，将提高指标的权重。

具体公式模型如下：

$$z=\frac{x-m}{M-m} \tag{4.2}$$

式中：z—— 处理后的数值；

x—— 原始值；

m—— 最小值；

M—— 最大值。

其特点是 z 值的分布与 x 值的分布相同，适用于呈正态、非正态分布指标值的处理。z 值介于[0，1]，计算操作简单，能对单指标数据进行有序排序，从而能进行初步效率分析。z 值很大程度上依赖于两个极端取值，两个极值之差很大时，相同性质的指标间排序易出现较大差别。

4.1.1.3 百分位次法

百分位次法适用于各类指标，不管指标值呈偏态还是正态分布，标准化后各指标均呈均匀分布，便于进行多指标的综合评价。百分位次法应用于企业单指标绩效评价中的含义是，高于（或不高于）该企业绩效的企业数占企业总数的百分比，该指标可形象反映出企业在行业中的位置。

具体公式模型如下：

$$z=\frac{r-1}{n}\times 100\% \tag{4.3}$$

式中：z—— 处理后的数值；

r—— 百分位次；

n—— 观测值的个数。

其特点是 z 值的分布与 x 值的分布相同，适用于呈正态、非正态分布指标值的处理。z 值介于[0，1]，计算操作简单，能对单指标数据进行有序排序，从而能进行初步效率分析。z 值很大程度上依赖于两个极端取值，两个极值之差很大时，相同性质的指标间排序易出现较大差别。

4.1.1.4　比值法

比值法适用于各类指标，分子一般为待评价值，分母一般为基准值，即将待评价对象与基准值相比较。基准值的选择比较多样化，在时序数据中，可以选择一个固定的时期的指标值作为分母，即定基比，也可以选择上一个时期的指标值作为分母，即环比；在截面数据中，可以以序列最低值为分母（基准），以反映评价对象高于基准的程度，也可以以序列最高值为分母，以反映评价对象接近于基准的程度。

具体公式模型如下：

$$z = \frac{x}{x_0} \tag{4.4}$$

式中：z —— 处理后的数值；

x —— 原始值；

x_0 —— 基准值。

其特点是比较评价对象与基准值，直观反映评价对象优于或接近于基准的程度，需要明确基准值。

4.1.1.5　线性比例法

线性比例法分为极小化和均值化两种。采用极值化方法对变量数据无量纲化是通过利用变量取值的最大值和最小值将原始数据转换为介于某一特定范围的数据，从而消除量纲和数量级影响，改变变量在分析中的权重来解决不同度量的问题。

极小化具体公式模型如下：

$$z = \frac{x}{M} \tag{4.5}$$

式中：z —— 处理后的数值；

x —— 原始值；

M —— 最大值。

其特点是 z 值的范围为（0，1]，适用于呈正态、非正态分布指标值的处理。z 值分布于（0，1]，数据分布集中，能对单指标进行集中排序比较，进行初步效率分析。处理时依赖于变量的最大值，而与其他取值无关，对异常值无法处理。

均值化具体公式模型如下：

$$z = \frac{x}{u} \tag{4.6}$$

式中：z —— 处理后的数值；

x —— 原始值；

μ —— 平均值。

其特点是 z 的取值范围不固定，适用于呈正态、非正态分布指标值的无量纲化。z 值保留了原始变量的差异程度，指标保留了原始指标间的差异程度，能对极端值、异常值进行处理。z 值的取值范围无固定界限，从而无法在一定范围内对指标进行集中排序比较。

4.1.1.6 标准差化法

标准差化法是在标准化方法的基础上的一种变形。它与标准化方法相同的是，无量纲化处理利用了所有的数据信息，得到的各变量标准差相同，从而转换后的各变量在分析中是同等重要的，两者的差别仅在无量纲化后各变量的均值上。

具体公式模型如下：

$$z = \frac{x}{\sigma} \tag{4.7}$$

式中：z —— 处理后的数值；

x —— 原始值；

σ —— 标准差。

其特点是 z 的取值范围不固定，z 的标准差都为 1，适用于呈正态、非正态分布指标值的处理。该方法是标准化法的一种变形，较少使用。z 的均值与原始标准差相关，当原始数据中出现异常值，标准差很大，z 值变小，因此指标间排序不可信。

4.1.1.7 比重法

比重法在原始数据的无量纲化过程中，在分母的处理上用到了各个原始数据之和或平方和，用各原始数据在总体中所占的比重来表示数据的无量纲化结果，确保了无量纲化后的数据与原始数据的分布和整体的一致性。

对于原始数据中的极端值、异常值，进行累加或平方和相加后，在一定程度上能使标准化后的值在整体上保持数据的分布一致。在实际分析中，比重法使得综合评价结果能够科学合理，如实地反映客观现实。

具体公式模型如下：

$$z=\frac{x}{\sum x} \tag{4.8}$$

式中：z —— 处理后的数值；

x —— 原始值；

$\sum x$ —— 原始值求和。

其特点是 z 的取值范围在（0，1），z 值的分布与 x 值的分布相同，适用于呈正态、非正态分布指标值的处理。z 值分布在一定范围内，指标间可以进行直观的排序比较。z 值分布与原始数据一致，分母能有效地处理异常值、极端值。相比原始数据间的差异，z 值的差别很小，会对单指标排序造成一定困难。

4.1.1.8　功效系数法

功效系数法又叫功效函数法，它是根据多目标规划原理，对每一项评价指标确定一个满意值和不允许值，以满意值为上限，以不允许值为下限。计算各指标实现满意值的程度，并以此确定各指标的分数，再经过加权平均进行综合，从而评价被研究对象的综合状况。运用功效系数法进行业绩评价，企业中不同的业绩因素得以综合，包括财务的和非财务的、定向的和非定量的。

具体公式模型如下：

$$z=c+\frac{x-m}{M-m}\times d \tag{4.9}$$

式中：z —— 处理后的数值；

c、d —— 正的常数［c 为平移系数，d 为缩放系数，考虑到日常使用习惯，大多采用百分制刻度（即满足 $c+d=100$），上述因式为线性变换，c、d 的选取不影响最终结论的分析］；

x —— 原始值；

m —— 指标值的最小值；

M —— 指标值的最大值。

其特点是极值处理法的一种变形，最大值为 $c+d$，最小值为 c。有确定的取值范围，并能根据评价需要放大或缩小 z 值而不改变数据的分布，直观地进行单指标排序比较。无法对极端值和异常值进行有效处理。

4.1.1.9 秩次法

秩次法将各指标值从小到大（正指标）或从大到小（逆指标）编秩次，秩次法利用所有的原始数据来计算数据的标准值，对于原始数据中的极端值、异常值，只显示其排序位次而不是其值的大小，保持了标准化后数据的整体一致。

但是，在实际分析中，其不足之处只是简单地反映了原始数据的顺序和位次变化，较多的损失了原始指标值提供的信息，不利于进行综合评价。

具体公式模型如下：

$$z = x(x = 1, 2, \cdots, n) \tag{4.10}$$

式中：z —— 处理后的数值；

x —— 原始值。

其特点是将各指标值从小到大进行排序。可以直接在指标内进行排序比较，工作量小。无法在不同指标间进行排序比较。

以上所列出的方法，都是针对指标值的，通过对指标值的处理，消除数值之间的差异，以利于不同数据之间进行比较分析。

各种方法的优缺点和特点总结见表 4-1。

表 4-1　多指标量纲方法优缺点及特点总结

方法	公式	特点	优点	缺点
偏差法	$z = \frac{x - \mu}{\sigma}$	z 的取值围绕 0 上下波动，z 值的分布仍与相应原 x 值的分布相同，适用于呈正态分布指标值的标准化	综合分析中常使用的一种方法，z 值分布较为集中，有效地对异常值和极端值进行了处理，能对单指标进行集中排序比较	处理后的变量均为标准正态分布，会消除了各变量在变异程度上的差异
极值法	$z = \frac{x - m}{M - m}$	z 值的分布与 x 值的分布相同，适用于呈正态、非正态分布指标值的处理	z 值介于[0，1]，计算操作简单，能对单指标数据进行有序排序，从而能进行初步效率分析	z 值很大程度上依赖于两个极端取值，两个极值之差很大时，相同性质的指标间排序易出现较大差别
百分位次法	$z = \frac{r - 1}{n} \times 100\%$	以得分形式直观反映数据所处位置	能在指标内和指标间进行有序的排序比较，并有效解决出现异常值的情况	反映相对位置，不能反映绝对水平

方法	公式	特点	优点	缺点
比值法	$z=\frac{x}{x_0}$	比较评价对象与基准值	直观反映评价对象优于或接近于基准的程度	需要明确基准值
线性比例法（极小化）	$z=\frac{x}{M}$	z 值的范围在（0，1]之间，适用于呈正态、非正态分布指标值的处理	z 值分布于（0，1]，数据分布集中，能对单指标进行集中排序比较，进行初步效率分析	处理时依赖于变量的最大值，而与其他取值无关，对异常值无法处理
线性比例法（均值化）	$z=\frac{x}{u}$	z 的取值范围不固定，适用于呈正态、非正态分布指标值的无量纲化	z 值保留了原始变量的差异程度，指标保留了原始指标间的差异程度，能对极端值、异常值进行处理	z 值的取值范围无固定界限，从而无法在一定范围内对指标进行集中排序比较
标准差化法	$z=\frac{x}{\sigma}$	z 的取值范围不固定，z 的标准差都为1，适用于呈正态、非正态分布指标值的处理	该方法是标准化法的一种变形，较少使用	z 的均值与原始标准差相关，当原始数据中出现异常值，标准差很大，z 值变小，因此指标间排序不可信
比重法	$z=\frac{x}{\sum x}$ $z=\frac{x}{\sqrt{\sum x^2}}$	z 的取值范围在（0，1）间，z 值的分布与 x 值的分布相同，适用于呈正态、非正态分布指标值的处理	z 值分布在一定范围内，指标间可以进行直观的排序比较。z 值分布与原始数据一致，分母能有效地处理异常值、极端值	相比原始数据间的差异，z 值的差别很小，会对单指标排序造成一定困难
功效系数法	$z=c+\frac{x-m}{M-m}\times d$	极值处理法的一种变形，最大值为 $c+d$，最小值为 c	有确定的取值范围，并能根据评价需要放大或缩小 z 值而不改变数据的分布，直观地进行单指标排序比较	无法对极端值和异常值进行有效处理
秩次法	$z=x(x=1,2,\cdots,n)$	将各指标值从小到大进行排序	可以直接在指标内进行排序比较，工作量小	无法在不同指标间进行排序比较

4.1.2 本研究去量纲化方法的选择

本书的目标是通过环保产业发展指数的测评，体现环保产业发展的动态趋势，而比值法与其他方法相比，更加符合本书研究过程的特点。比值法不仅可以更好地表现基准期动态变化趋势这一特征，而且能够避免数据间量纲单位所带来的不便。

由表 4-1 可知，每种无量纲化方式都有其各自的优点，但也有不足。针对本书需求，比值法较为适合，而其他方法均存在这样或那样的缺陷。偏差法处理后的变量均为标准正态分布，会消除各变量在变异程度上的差异。极值法中 z 值在很大程度上依赖于两个极端取值，当两个极值之差很大时，相同性质的指标间排序易出现较大差别。百分位次法反映相对位置，不能反映绝对水平。线性比例法（极小化）处理时依赖于变量的最大值，而与其他取值无关，对异常值无法处理。线性比例法（均值化）中 z 值的取值范围无固定界限，从而无法在一定范围内对指标进行集中排序比较。标准差化法中 z 的均值与原始标准差相关，当原始数据中出现异常值，标准差很大，z 值变小，因此指标间排序不可信。比重法在相比原始数据间的差异时，z 值的差别很小，会对单指标排序造成一定困难。功效系数法无法对极端值和异常值进行有效处理。秩次法无法在不同指标间进行排序比较。

综合表 4-1 和本书的特征，经过筛选，本研究决定采用比值法进行去量纲化处理。

4.2 分指标确权方法筛选

4.2.1 常用方法比较

4.2.1.1 熵权法

熵权法的基本思路是根据指标变异性的大小来确定客观权重。一般来说，若某个指标的信息熵越小，表明指标值的变异程度越大，提供的信息量越多，在综合评价中所能起到的作用也越大，其权重也就越大。相反，某个指标的信息熵越大，表明指标值的变异程度越小，提供的信息量也越少，在综合评价中所起到的作用也越小，其权重也就越小。其特点是精度较高，客观性强，可以用于任何需要确定权重的地方，也可以结合其他方法共同使用，但缺乏各指标之间的横向比较，权数依赖于样本。适合于评判模糊性和不确定性的问题，包含的信息量丰富，一般用于社会经济系统问题的评价。本研究采用此方法是为了计算具体指标的权重，与主观赋权的层次分析法相比较，验证层次分析法从统计学意义上权重的合理性。

4.2.1.2 主成分分析法

主成分分析（Principal Component Analysis，PCA），是一种统计方法。通过正交变

换将一组可能存在相关性的变量转换为一组线性不相关的变量，转换后的这组变量叫主成分。其特点是能够将复杂的指标体系降维，简化数据，并能给出评价名次，还能指出影响评价值的原因，为下一步改进指出努力的方向，当选取多个主成分时，原始指标在主成分中的系数的符号可能与指标本身对与评价结果的关系不符，造成结果难以解释。此方法是本研究要选取的分析方法之一，运用此方法去除三级指标中不显著的影响指标，以得到更精确的研究结果。

4.2.1.3　投影寻踪模型

投影寻踪是用来处理和分析高维数据，尤其是用来自非正态总体的一类统计方法。既可作探索性分析，又可作确定性分析的方法。其基本思想是把高维数据投影到低维子空间上，寻找出能反映高维数据结构或特征的投影，以达到研究高维数据的目的。该方法主要有以下特点：①PP方法能成功克服高维数据的“维数祸根”所带来的严重困难；②寻踪方法可以排除与数据结构和特征无关的，或关系很小的变量的干扰；③寻踪方法为使用一维统计方法解决高维问题开辟了途径；④寻踪方法与其他非参数方法一样可以用来解决某种非线性问题。投影寻踪方法的关键在于找到观察数据结构的角度，即数学意义上的线、平面维或整体维空间，将所有数据向这个空间维投影，得到完全由原始数据构成的低维特征量，反映原始数据的结构特征。

4.2.1.4　未确知测度模型

“未确知性”概念最早由王光远教授提出，将其定义为不能够确定事物的实际状态或者实际个数关系，在决策者心中形成的认识上和主观上的不确定性。这种不确定性，同随机性和模糊性不同，而且普遍存在。未确知信息就是指包含未确知性的信息。该如何表述未确知信息，建立处理未确知信息的理论和方法，是具体创新意义的问题。要定量描述一种认识上的不确定性，实际上自身具有主观性的特点。这就要求决策者运用已知的信息和具备的先验知识对问题进行分析、判断。确切地说，程度的不一样便表现了数量的不一样，数量不一样便可实施测量，在实际测量时第一步要构造可测空间，且根据测量准则于可测空间上进行测量，即构造一种“测度”来表达对“程度”的测量结果。

4.2.1.5　层次分析法

层次分析法（Analytic Hierarchy Process，AHP），是指将一个复杂的多目标决策问题作为一个系统，将目标分解为多个目标或准则，进而分解为多指标（或准则、约束）

的若干层次，通过定性指标模糊量化方法算出层次单排序（权数）和总排序，以作为目标（多指标）、多方案优化决策的系统方法。其特点是将复杂问题层次化，将定性思考量化。对两两指标之间的重要程度做出比较判断，建立判断矩阵，通过计算判断矩阵的最大特征值以及对应特征向量，就可得出不同方案重要性程度的权重，为最佳方案的选择提供依据，但是指标过多时专家判断矩阵容易出现不一致；计算量也增大。层次分析法适合于具有复杂层次结构的多指标决策问题，能够统一处理决策中的定性与定量因素。此种方法也是本研究所采用的方法之一，同时结合专家打分法，得出指标的权重，构造判断矩阵并赋值，运用综合运算，得出结果，检验判断矩阵是否满足一致性，进而进行后续的研究工作。

4.2.2 本研究拟分指标确权方法的选择

通过上述分析可知，熵权法中权数对样本的依赖性较大，缺乏各指标间的横向比较，该方法更适合评判模糊性和不确定的、包含的信息量大的问题，一般用于社会经济系统问题的评价。主成分分析法用于选取多个主成分时，原始指标在主成分中的系数的符号可能与指标本身对与评价结果的关系不符，造成结果难以解释。

由于环保产业发展指数的研究尚属首例，其各方面要素对产业发展的作用结果尚未完全清楚，只能在产业共性与特性分析的基础上有一个基本认识，基本属于灰箱状态，因此本研究拟采用主客观相结合的方法进行指标赋权。

（1）采用基于专家咨询的层次分析法进行赋权研究。通过专家问卷的形式主观打分，可以聚集专家智慧。此外，由于层次分析法中一致性和有效性检验是客观的方法，因此这个方法本身又是一个由主观到客观的过程。

（2）采用传统的统计学方法赋权，即以样本的数据特征为赋权依据，从赋权原理而言是绝对客观的，以之检验层次分析赋权是否正确。

4.3 指数合成方法

4.3.1 模糊综合评价

模糊综合评价是指当评价因素集合 U 中元素特别多时，存在权重系数难以确定的问题，U 中元素有多个层次，即一个因素往往是由其他若干个因素决定的，且 U 中因素具有模糊性时所采用的一种方法。模糊综合评价就是应用模糊变换原理和最大隶属度原则，考虑与被评价事物相关的各个因素，对其所做的综合评价。主要步骤是：①确定因素之间的层次关系；②建立权重集合，根据各类因素的重要程度，赋予每个因素类似以相应的权数，建立评价结果集合 V，进行一级因素的综合评价，即按某一类的各个因素进行综合评价。进行二级及以上因素的模糊综合评价时，最底层模糊综合评价仅仅是对某一类中的各个因素进行综合，为了考虑各类因素的综合影响，还必须在类之间进行综合。

4.3.2　数学平均数、几何平均数

常用的综合指数法就是在多指标评价中将已经去除量纲的多指标指数“加总”起来。总体而言，“加总”方法有两大类：（加权）算术均值法和（加权）几何均值法。在计算过程中，算术均值加权法利用权重和基数进行计算，表面上是等权计算，实际上的计算结果更加偏重基数较大的因子。而几何开方加权法，将排序因素列为运算过程中的一部分，有效避免了算术均值加权法的缺陷，计算结果更加接近现实。因此，本研究在处理问卷调查结果的加权统计计算采用的是几何加权法。而各指标标准化值与权重相乘之后的得分没有过大的级差，因此在最后阶段的指数合成时采用的是算术加权法。

在此，便于理解，笔者引入以下例子。假定你的全部身家是 10 万元，然后你可以来下一个赌注，投一次硬币来决定结果：要么你会得到 50 万元，要么你一无所有。这个赌注看似是你占了大便宜，因为算术平均期望是（50 万+0 万）/2=25 万元，远远超你的身家。但你如果是理性的，绝对不会下这个注。赢得几倍的资产和变得一无所有相比，变得一无所有会让你损失的太多，资产为零意味着你将没有任何机会翻本。对于这个结果的出现是很正常的，现在我们再用几何平均期望计算一下，几何平均期望是（50 万乘以 0 万）然后开平方，因为零和任何数相乘结果都为零，所以几何平均期望为零。看来下注的确是不明智的决定，所以决定你该不该下这个赌注，不光要看算术平均期望，还要看几何平均期望。

我们再来看另一个例子，假定你买了一辆车，你肯定会上保险。付出一点小的代价，来避免意外事件对你造成的巨大损失。但是，如果通过算术平均期望来计算，结果是负的，保险不是很理想的赌注，保险公司一直是通过保金来盈利的，但这阻挡不了你去上保险。事实上，你通过保险，降低了算术平均值，从而提高了几何平均值。而实力雄厚

的保险公司因为卖掉了一份保单，也提高了自己的几何平均值，可以说你和保险公司各取所需。

4.3.3 综合指数法

综合指数法是指在确定一套合理的经济效益指标体系的基础上，对各项经济效益指标个体指数加权平均，计算出经济效益综合值，用以综合评价经济效益的一种方法。很多产业或企业评估研究中采用综合指数法，如物流产业安全评估（程敏、荆林波，2015）、石化产业产能过剩测度（孙康、李婷婷，2015）、合成氨企业清洁生产评价（吴良兴，2008）和企业技术创新能力评价（郑春东、和金生、陈通，1999）等。具体操作方法是，将一组相同或不同指数值通过统计学处理，使不同计量单位、性质的指标值标准化，最后转化成一个综合指数，以准确地评价工作的综合水平。综合指数值越大，工作质量越好，指标多少不限。其特点是简单易行，适合各类指标，降低了对数据的要求，应用广泛，但方法本身无法设计权重。适用于多层次指标体系，可以得到不同层次的指数并进行比较。

4.4 本研究采用的指数测算方法

4.4.1 无量纲化

为了能够体现发展指数的动态特征，本研究采用比值法进行数据的标准化处理（即用观察期数值比基期数值），以消去数据的量纲。

4.4.2 指标确权

权重设计上本研究对一级、二级指标采用的是基于专家调查问卷的层次分析法，而具体指标则采取等权确权。具体步骤如下：

（1）建立层次结构模型。将评估所涉及的指标分为四个层次，即综合指数层、目标层、准则层和具体指标层，建立多级递阶的层次结构框架模型。

（2）构建判断矩阵。对准则层指标构建判断矩阵见式（4.11），进行同层次因素两两对比，并引入 1～9 的比例标度法予以量化。

$$A=\begin{bmatrix} w_1/w_1 & w_1/w_2 & \cdots & w_1/w_n \\ w_2/w_1 & w_2/w_2 & \cdots & w_2/w_n \\ \cdots & \cdots & \cdots & \cdots \\ w_n/w_1 & w_n/w_2 & \cdots & w_n/w_n \end{bmatrix} \tag{4.11}$$

（3）进行专家咨询。参考式（4.11）设计调查问卷，具体如附录 1 所示。

（4）进行专家咨询，请专家对两两因素的重要性进行判断，并对专家的答卷结果进行一致性检验。对于通过一致性检验的问卷，将进入下一步统计分析。

本次调研往复三轮。在进行第二轮调研时，把第一轮问卷的统计结果连同问卷同时发送专家；同理，在进行第三轮调研时，把第二轮问卷的统计结果连同问卷同时发送专家。参加本次问卷调研的专家包括经济学专家、环境学专家、企业家、政府管理人员和社会公众代表等，最后通过一致性检验问卷 59 份。具体情况如附录 2 所示。

（5）进行一致性检验。首先计算判断结果的一致性指标 CI，$\mathrm{CI}=(\lambda_{\max}-n)/(n-1)$，其中$\lambda_{\max}$为判断矩阵 A 的最大值特征根，n 为判断矩阵阶数；然后查找相应的平均随机一致性指标 RI；最后计算一致性比率 CR，CR=CI/RI。一般认为，CR＜0.1 时，判断矩阵的一致性可以接受。

（6）确定一、二级指标权重。将通过有效性检验的问卷应用几何平均法进行统计，列入矩阵式（4.11），据此计算准则层指标的权重。

表 4-2　环保产业发展指数一、二级指标权重

一级指标		二级指标	
指标名称	权重/%	指标名称	权重/%
产业发展基础	20	产业规模	3.8
		产业结构	16.2
产业发展环境	40	经济因素	16.0
		政策因素	15.0
		环境因素	9.0
产业发展能力	40	营运能力	8.8
		融资能力	3.0
		投资能力	3.3
		技术创新能力	16.3
		出口能力	8.5

（7）将准则层指标所获得的权重以均权的方式分解到其下属具体指标。

表 4-3　环保产业发展指数具体指标权重

具体指标	权重/%
从业人员	0.9
资产总计	0.9
年内新增固定资产投资	0.9
主营业务收入	0.9
产业集中度	5.4
服务业比例	5.4
国企占比	5.4
经济景气程度	4.0
经济发展速度	4.0
城镇化水平	4.0
工业占比	4.0
环保社会投资	15.0
应收账款周转率	9.0
总资产周转率	2.9
净资产收益率	2.9
净利润率	2.9
融资总额	3.0
投资总额	3.3
研发人员数量	5.4
研发经费支出	5.4
专利授权数量	5.4
出口收入占比	8.5

（8）采用综合指数法进行环保产业发展指数测算。计算公式如下：

$$\mathrm{EPI}=\sum_{i=1}^{n}W_i\cdot V_i \tag{4.12}$$

式中：EPI —— 发展指数分值；

W_i —— 第 i 项指标的权重；

V_i —— 第 i 项指标的标准化值（在产业发展指数计算中，V_i 为产业数据的标准化处理结果；在行业发展指数计算中，V_i 为行业数据的标准化处理结果）。

第二部分

中国环保产业发展指数测评 2015

——以重点调查企业为样本

本章以上述理论和方法研究为基础，依据中国环境保护产业协会组织开展的 2014—2015 年度全国环保产业重点企业调查数据，进行 2015 年度中国环保产业发展指数的测评和产业内部细分领域发展情况分析，并进行了重点企业和上市公司发展指数的对比。

行业 2015 年度中国环保产业发展指数的测评结果显示：2015 年中国环保产业发展指数值为 106.09，行业发展态势总体向好。产业规模持续增长，产业结构调整向好；城镇化进程的加快和利好的环保政策，抵消了经济下行的影响，环保产业发展环境趋稳；投融资活动活跃，创新人才集聚，资本拉动和技术创新共同领跑环保产业发展。

细分领域中分析结果显示，固废处理与资源化领域发展指数以 138.8 的高值排名第一，环境监测领域（包括监测仪器市场和检测服务市场）的发展数值以 116.86 排名第二，水污染治理领域发展指数以 108.63 排名第三，大气污染治理领域发展指数以 100 排名最后。通过比较发现，环保产业标准和规制出台及相关的产业发展优惠政策的实施可以有效促进市场需求和拉动资本集聚。

第 5 章
2015 年度中国环保产业发展指数的测算

5.1 数据采集与清洗

根据中国环保产业发展指数指标体系，测算 2015 年度我国环保产业的发展指数。基准年为 2014 年，基数为 100。

本次测评所采用的宏观经济数据来源于国研网及其他相关统计年鉴。微观数据来源于中国环境保护产业协会组织开展的 2014—2015 年度全国环保产业重点企业调查。调查范围覆盖我国水污染治理、大气污染治理、固体废物处理、土壤修复、噪声与振动控制、环境监测等环保产业细分领域。

重点调查企业数据中，收回数据共 738 组，其中 2015 年 372 组，2014 年 366 组。而后清洗经营类别缺失数据、单位量纲问题数据、有误报嫌疑数据，最终认定有效数据 331 组。

5.2 指标权重

本研究对一级指标和二级指标的赋权，采用层次分析法，按第 4 章介绍的分指标赋权程序确定分指标权重。其中专家咨询以问卷的形式开展，调查问卷的形式见附录 1。咨询对象包括环保专家、经济学家、企业家、政府机关人员和社会公众，定向发放问卷近 200 份，往复 3 轮，通过有效性检验的问卷 59 份。应用几何平均法进行调查结果统计，将统计结果输入判断矩阵，运用 R 软件计算准则层指标的权重，基于专家问卷调查确定权重，三级指标采取等权确权。一、二级指标权重结果如表 5-1 所示。

表 5-1　环保产业发展指数一、二级指标权重

一级指标		二级指标	
指标名称	权重/%	指标名称	权重/%
产业发展基础	20	产业规模	3.8
		产业结构	16.2
产业发展环境	40	经济因素	16.0
		政策因素	15.0
		市场因素	9.0
产业发展能力	40	营运能力	8.8
		融资能力	3.0
		投资能力	3.3
		技术创新能力	16.3
		出口能力	8.5

5.3　2015 年度环保产业发展指数计算

依据表 3-9 中环保产业发展指数指标体系终稿中确定的指标和式（4.4）、式（4.11）、式（4.12）确定的 2015 年度中国环保产业发展指数。经过计算，确定 2015 年度中国环保产业发展指数为 106.09，各级指标值如表 5-2 所示。

表 5-2　2015 年度中国环保产业发展指数及各级指标值

	一级指标		二级指标		三级指标	
	指标	指标值	指标	指标值	指标	指标值
环保产业发展指数 106.09	发展基础	20.86	产业规模	4.16	从业人员	1.12
					资产总计	1.13
					年内新增固定资产投资	0.89
					环保业务营业收入	1.01
			产业结构	16.70	产业集中度	5.44
					服务业比例	5.86
					内资比例	5.39
	发展环境	39.90	经济因素	15.46	经济景气程度	3.91
					经济发展速度	3.73
					城镇化水平	4.10
					工业占比	3.72
			政策因素	15.89	全社会环保投资	15.89
			市场因素	8.54	应收账款周转率	8.54

	一级指标		二级指标		三级指标	
	指标	指标值	指标	指标值	指标	指标值
环保产业发展指数 106.09	发展能力	45.33	营运能力	9.70	总资产周转率	2.73
					净资产收益率	3.39
					环保业务利润率	3.58
			融资能力	2.91	上市企业总数	1.17
					融资总额	1.24
					财政拨款及政策性贷款额占比	0.49
			投资能力	4.04	环保项目投资	4.04
			技术创新能力	21.16	研发人员数量	3.61
					研发经费支出	2.75
					专利授权数量	3.90
					参与标准制修订数量	4.45
					环保产业技术转让收入	6.46
			出口能力	7.52	环保业务出口收入占比	7.52

5.4　2015 年度环保产业发展指数简析

为便于横向比较和更加直观地反映环保产业发展指数下设的各级指标的变化对环保产业整体发展态势的影响，本节对单项指标采用百分制形式进行分析。

5.4.1　中国环保产业整体发展态势向好

由表 5-3 可知，2015 年度我国环保产业总体呈现增长态势，但增长幅度较小。考虑到我国 2015 年 GDP 增速为 6.9%，比 2014 年的 7.3%有所下滑，环保产业的这一稳中有升的发展趋势与国家宏观经济发展趋势基本吻合。

表 5-3　2015 年度中国环保产业发展指数指标

指数	一级指标		二级指标	
环保产业发展指数 106.09	产业发展基础	104.29	产业规模	110.84
			产业结构	102.78
	产业发展环境	99.75	经济因素	96.64
			政策因素	105.96
			市场因素	94.91
	产业发展能力	113.33	营运能力	110.04
			融资能力	95.88
			投资能力	122.68
			技术创新能力	129.49
			出口能力	88.34

注：数值＞100 为增长；＜100 为衰退。

其中，一级指标中的“产业发展基础”指标值 104.29，与整个环保产业的发展指数接近，表明 2015 年我国环保产业发展的基础稳步增强。“产业发展环境”指标值接近 100，说明环保产业的外部发展环境没有明显改观。“产业发展能力”指标值增长较明显，体现出我国环保产业跟随国家经济结构的调整，通过不断提升技术创新能力、营运能力、投资能力等，产业自身能力得到提高。产业发展能力建设已成为产业发展的主要动力。

5.4.2 环保产业规模持续增长，结构调整保持向好趋势

“产业发展基础”下的产业规模和产业结构两个二级指标值均为正增长，如图 5-1 所示。而产业规模的增长远大于产业结构的增长，也大于“产业发展基础”乃至整个环保产业的增长，表明目前我国环保产业增长主要以规模扩张为主。相比较而言，产业结构调整进程较为缓慢，但仍表现为正增长，说明产业结构保持向好趋势。

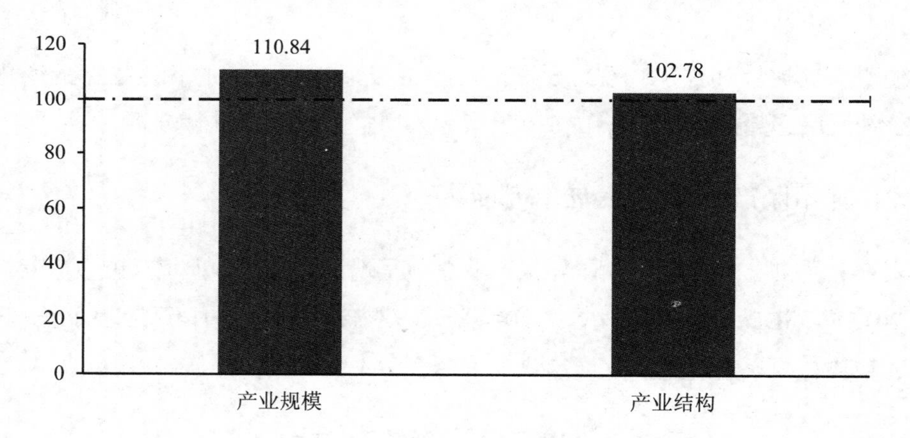

图 5-1 “产业规模”和“产业结构”指标值

产业规模和产业结构两个二级指标下各级指标值见图 5-2。由图可知，在产业规模中，从业人员和资产总计增长较为明显。产业结构中，服务业比例增长较明显，且高于整个环保产业的增长，表明近期我国环境服务业发展较快，增长势头较好。

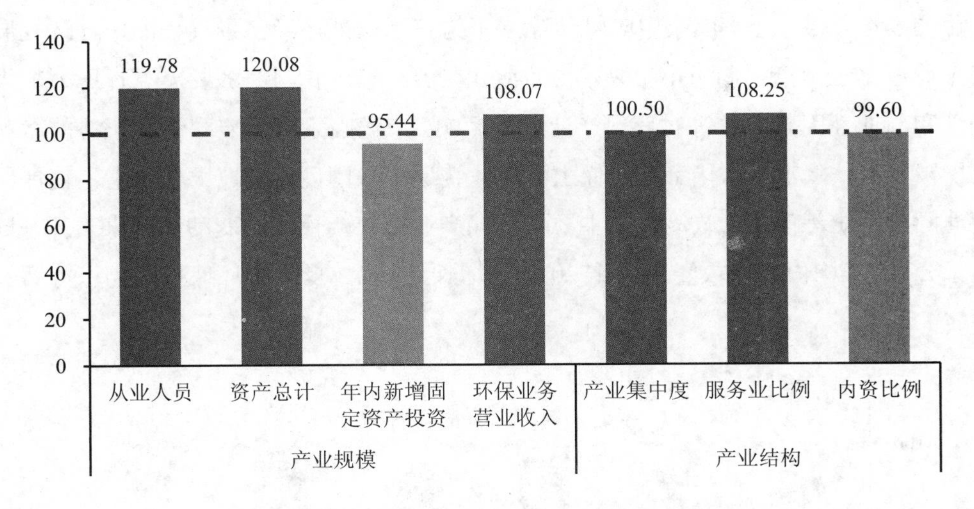

图 5-2 “产业规模”和“产业结构”下各指标值

5.4.3 投资增长抵消经济下行影响，环保产业发展环境趋稳

我国环保产业发展环境整体平稳如图 5-3 所示。“产业发展环境”一级指标值略低于产业发展指数，但仍呈增长态势，其中经济因素和市场因素均有小幅衰落，但政策因素指标值拉高作用明显，使得产业发展环境总体趋稳向好。

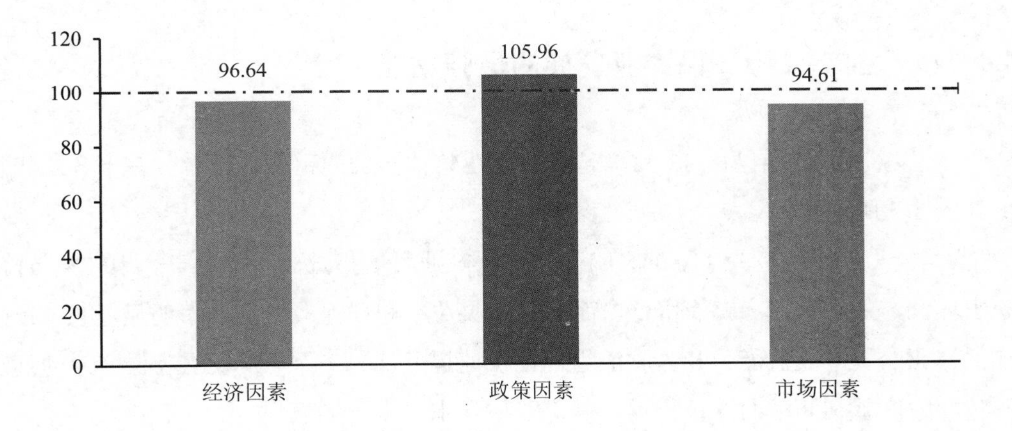

图 5-3 “产业发展环境”下各二级指标值

由图 5-4 可知，经济因素中除城镇化水平为正增长外，经济景气程度、经济发展速度、工业占比三项指标均呈小幅衰落，反映出 2015 年，我国经济发展下行压力加大、结构性和周期性因素叠加等对环保产业造成影响。市场因素则是宏观经济形势的微观反应，煤炭、钢铁、水泥、化工等环保上游产业普遍陷入困境，增速大幅下滑，使环保产业遭遇回款困难等问题。政策因素主要以环保产业全社会投资的变动情况来表征，该指数显示 2015 年国内环保投资总额比 2014 年增长约 6%，反映了环保投资仍保持增长的势头。

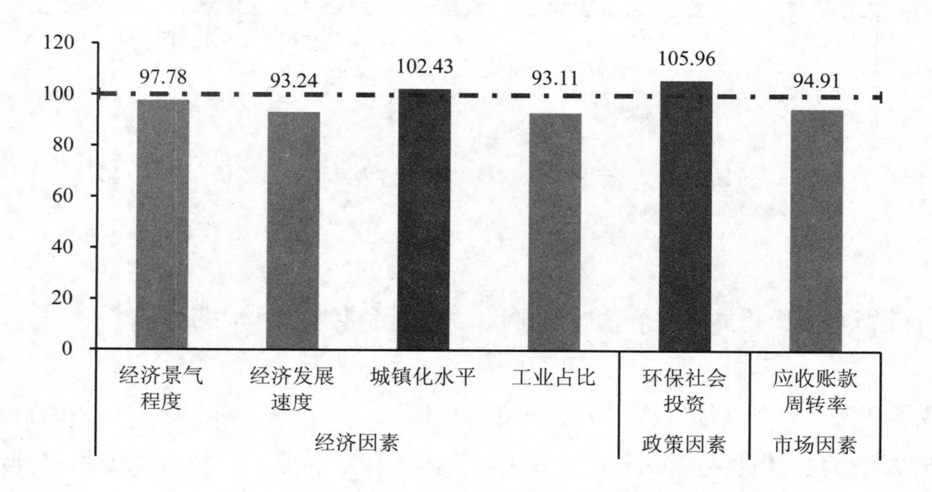

图 5-4 “产业发展环境”下各级指标值

5.4.4 技术创新成为环保产业发展的最强动能

“产业发展能力”值为 113.33，是环保产业整体增长的主要贡献者。其下各二级指标值如图 5-5 所示。

“营运能力”指标值为 110.04，略高于环保产业发展指数。其中总资产周转率下降，反映出环保产业销售能力略有降低，而净资产收益率和环保业务利润率明显增长，反映出环保产业的资产收益能力和盈利能力都在快速提升。这一降两升表明环保产业的利润来源转变为倚重利润率而非销售量，是产业质量水平提升的表现。

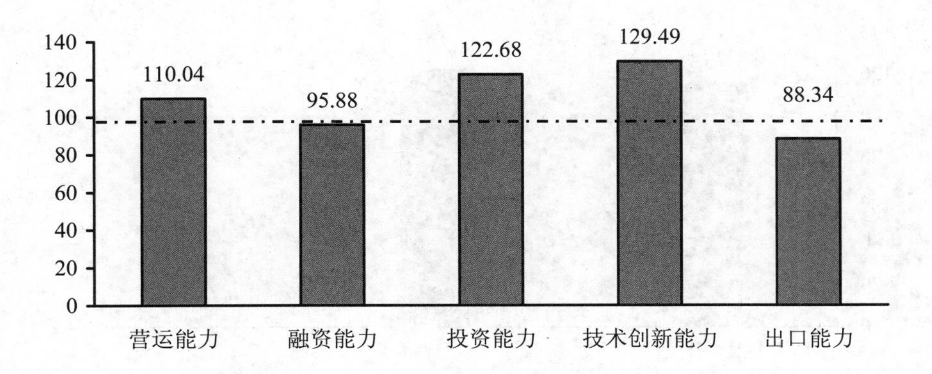

图 5-5　“产业发展能力”下的二级指标值

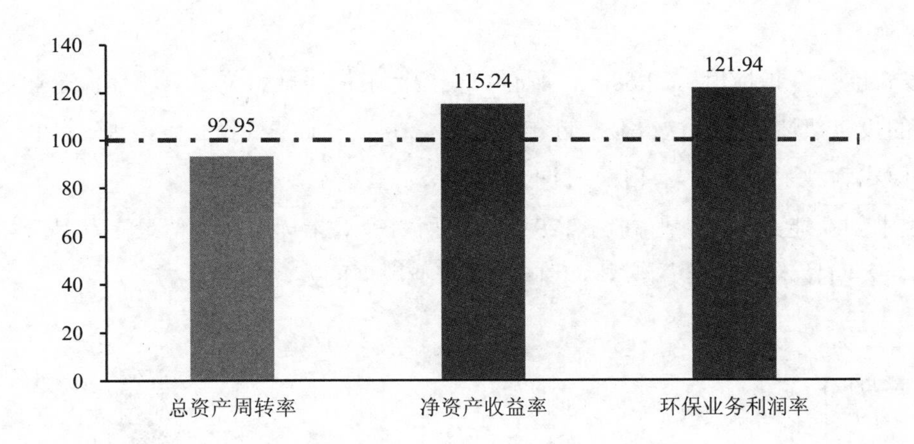

图 5-6　二级指标“营运能力”下的各指标值

2015 年环保产业“融资能力”小幅下降，体现出在社会环保投资的“政策因素”显著增长的情况下，环保产业却遭遇融资困难。

从图 5-7 可以看出，上市企业总数和融资总额指标值均高于产业整体，表明即使在宏观经济发展增速放缓，实体经济融资困难的情况下，环保产业仍能从金融市场获得资金。而财政拨款及政策性贷款额占比指标值不足 50，反映了环保企业获得国家政策性资金支持的力度明显不足。

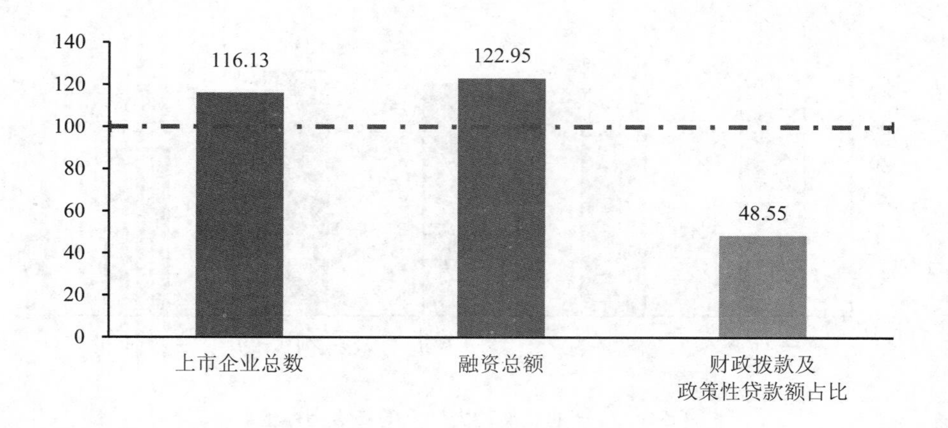

图 5-7 二级指标“融资能力”下的各指标值

“投资能力”指标值 122.68，在所有二级指标中位居第二位，表明环保企业对于环保项目的投资热情较高，这得益于近年环保领域中如火如荼的第三方治理、PPP 等新兴的运营模式刺激了企业对与环保项目的投资。

“技术创新能力”指标值高达 129.49，在所有二级指标中指标值最高，且其增长接近 30%，表明技术创新能力已成为我国环保产业发展的发动机。

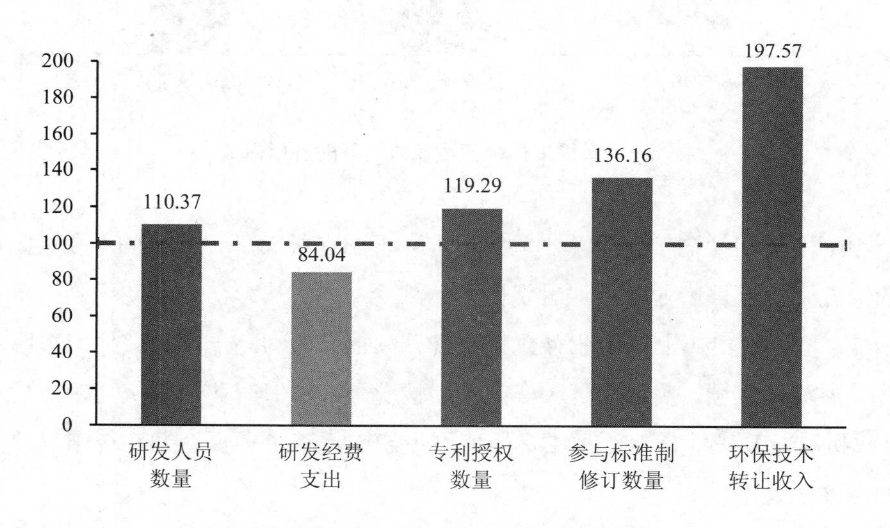

图 5-8 二级指标“技术创新能力”下的各指标值

由图 5-8 可知，2015 年除研发经费支出指标下滑外，其余指标均有明显的增长。环保技术转让收入、参与标准制修订数量、专利授权数量的大幅增长，表明近期我国环保产业的技术创新发展迅猛，尽管我国环保产业尚处于发展期，但发挥了后发优势，没有走其他产业在产业发展期徘徊在产业价值链“U”形曲线底部的老路，已开始价值链爬坡，技术创新已成为环保产业发展的主要动力。

“出口能力”指标值 88.34，为二级指标中最低者。与目前我国环保产业发展水平尚未进入世界前列、出口规模较小的客观情况相符。同时，受国际经济形势低迷的影响，2015 年我国环保产业出口额缩减。

第 6 章

2015 年度中国环保产业细分领域发展指数分析

环保产业细分领域主要包括水污染治理、大气污染治理、固废处理与资源化、环境监测等领域，根据 2014—2015 环保产业重点企业调查数据，计算出 4 个细分领域的发展指数（图 6-1）。

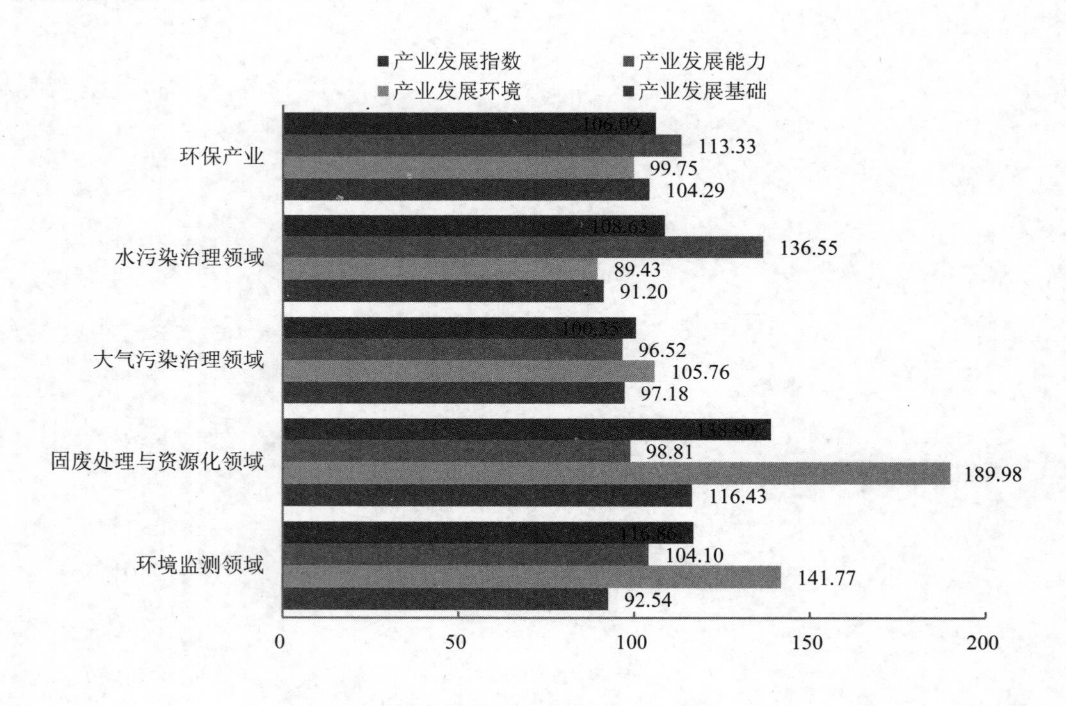

图 6-1 环保产业细分领域指数对比

由图 6-1 可知，环保产业总体向好，“产业发展基础”分指数与整个环保产业的发展指数接近，表明 2015 年我国环保产业发展的基础稳步增强；“产业发展环境”分指数接近 100，说明环保产业的外部发展环境未有大的变动；“产业发展能力”分指数增长明显，成为拉动环保产业的主力。各细分领域具体情况如下。

6.1 水污染治理领域

从图 6-1 可以看出，水污染治理领域和大气污染治理领域作为发展时间较长的传统环保产业领域，其指数与环保产业整体的发展指数基本一致；环境监测领域超出平均发展水平较多；固废处理与资源化领域发展指数最高。

水污染治理领域发展指数为 108.63，略高于产业整体水平。其一级指标中“产业发展基础”和“产业发展环境”两项，在所有细分领域一级指标中指标值最低，仅为 90 左右。反映出 2015 年尽管国家出台了水污染治理的重要纲领性文件《水污染防治行动计划》，但对于水污染治理领域市场的直接拉动并未及时显现。其原因由于政策落实存在一定的滞后期，与行动计划相配套的各项措施尚未落地，政策效应难以在当年显现。而“产业发展能力”指标值高达 136.55，远高于其他 3 个领域和整体环保产业。体现出水污染治理领域整体发展相对成熟，目前主要通过加强自身能力建设，提高行业发展水平。

6.2 大气污染治理领域

大气污染治理领域发展指数刚刚超过 100，在 4 个细分领域中指数值最低。近年全国各大城市雾霾问题引起社会广泛关注，随着 2015 年《大气污染防治法》的修订，大气污染治理的政府财政投入和社会资金大幅增加，使其“产业发展环境”一级指标高于其他两项，预计这种势头将持续。需要注意的是，社会环保投资并没有引起“产业发展基础”和“产业发展能力”两项指标的正增长。表明大气污染治理领域发展已经较为成熟，发展态势平缓；虽然投资有所增加，但是对于较大体量的行业来讲推动力仍显不足。并且，工业源大气污染治理作为目前行业的主要市场，除电力行业的市场一枝独秀外，钢铁和水泥等行业在去产能和市场低迷的双重压力下，其对大气污染治理市场的拉动乏力。这也说明，虽然政策拉动对环保产业发展至关重要，但企业的自持能力和宏观经济环境的影响在产业发展中也发挥着重要作用。

6.3 固废处理与资源化领域

固废处理与资源化领域发展指数以 138.8 的高值，位居细分领域之首。其“产业发展环境”指标值为 4 个领域所有一级指标中最高值，主要归因于 2015 年固废处理的社会环保投资剧增。随着新《环境保护法》和“两高”新司法解释的发布实施，进一步加大了对危废环境污染违法、非法经营等行为的打击力度，加之《生活垃圾焚烧厂污染控制标准》《生活垃圾焚烧厂运行监管标准》《水泥窑协同处置固体废物污染控制标准》等系列标准和垃圾焚烧发电补贴政策等的实施，生活垃圾、危险废物处理处置等固废处理与资源化领域的市场需求得以有效释放，并受到了资本市场的青睐，吸引了大量社会投资。而其他两项指标的一高一低（“产业发展基础”指标值 116.43，“产业发展能力”指标值 98.81），则反映出政策和投资的驱动，能够快速对产业规模和产业结构产生影响，而产业发展能力的提升则需要一个循序渐进的过程。

6.4 环境监测领域

环境监测领域（包括监测仪器市场和检测服务市场）的发展情况仅次于固废处理与资源化领域，指标值为 116.86。2015 年，《水污染防治行动计划》和《大气污染防治行动计划》的颁布实施，推动了水和大气环境质量监测网络、污染源监测网络的建设，重点污染源在线监测成为标配。环保部印发了《关于推进环境监测服务社会化的指导意见》和《关于支持环境监测体制改革的实施意见》，推进环境监测市场化改革，开放环境监测服务市场，鼓励社会环境监测机构参与排污单位污染源自行监测、环境损害评估监测等环境监测活动，推动环境监测的第三方运维服务等，有力地拉动了环境监测仪器设备和检测服务市场的快速发展。

第7章

2015年度重点调查企业与上市公司情况比较分析

上市公司作为产业发展的“晴雨表”，以其为样本集进行某一领域产业发展指数研究，可以获得一些先行信息。因此，本研究在进行以重点调查企业为样本集的环保产业发展指数测评的同时，也进行以上市公司为样本集的环保产业发展指数测评。具体的数据信息收集处理和测评结果将在本书的下一部分进行详细介绍，在此仅分析两个不同样本集所得出的环保产业发展指数的异同。

为了便于更加直观地反映环保上市公司与重点调查企业发展态势的差异，在表7-1中同时列出了分别以两个集群为样本的环保产业发展指数测算结果。

表7-1　环保上市公司与重点调查企业产业发展指数一览表

<table>
<tr><th>指数</th><th colspan="2">一级指标</th><th colspan="2">二级指标</th><th>指数</th><th colspan="2">一级指标</th><th colspan="2">二级指标</th></tr>
<tr><td rowspan="10">环保上市公司产业发展指数
100.33</td><td rowspan="2">发展基础</td><td rowspan="2">100.95</td><td>产业规模</td><td>110.53</td><td rowspan="10">重点调查企业产业发展指数
106.09</td><td rowspan="2">发展基础</td><td rowspan="2">104.29</td><td>产业规模</td><td>110.84</td></tr>
<tr><td>产业结构</td><td>98.73</td><td>产业结构</td><td>102.78</td></tr>
<tr><td rowspan="3">发展环境</td><td rowspan="3">98.26</td><td>经济因素</td><td>96.64</td><td rowspan="3">发展环境</td><td rowspan="3">99.75</td><td>经济因素</td><td>96.64</td></tr>
<tr><td>政策因素</td><td>105.96</td><td>政策因素</td><td>105.96</td></tr>
<tr><td>市场因素</td><td>88.32</td><td>市场因素</td><td>94.91</td></tr>
<tr><td rowspan="5">发展能力</td><td rowspan="5">102.02</td><td>营运能力</td><td>92.27</td><td rowspan="5">发展能力</td><td rowspan="5">113.33</td><td>营运能力</td><td>110.04</td></tr>
<tr><td>融资能力</td><td>134.89</td><td>融资能力</td><td>95.88</td></tr>
<tr><td>投资能力</td><td>138.20</td><td>投资能力</td><td>122.68</td></tr>
<tr><td>技术创新能力</td><td>94.93</td><td>技术创新能力</td><td>129.49</td></tr>
<tr><td>出口能力</td><td>100.00</td><td>出口能力</td><td>88.34</td></tr>
</table>

由表7-1可知，上市公司的发展指数比重点调查企业的发展指数低。在“发展基础”上，上市公司明显不如重点调查企业，其中上市公司和重点调查企业的企业规模情况保持一致，指数均为110左右，说明差距出现在“产业结构”上，事实数据也证实了这一

点。在“发展环境”上，上市公司情况不容乐观，分值低于 100，其中经济因素、政策因素是大环境所决定的，但是在“市场因素”上，重点调查企业优于上市公司。在“发展能力”上，重点调查企业的营运能力表现出强劲的优势，而上市公司的融资能力和投资活跃度则远远胜过重点调查企业，这一表现对于上市公司的发展起到了举足轻重的作用。同时，与认知相左的是，上市公司的创新能力不如重点调查企业。综上所述，与重点调查企业相比，上市公司还有非常大的进步空间。

* * *

本部分研究结论

2015 年，史上最严的新《环境保护法》正式实施，该法及一系列配套行政规章的实施，有效地改变了环保领域“守法成本高，违法成本低”的局面，促使环保产业的潜在市场向现实市场转变。同时，《大气污染防治行动计划》和《水污染防治行动计划》的发布与实施，开启了行业发展的黄金时代，为环保产业规模扩大、结构优化、技术水平提升和市场化程度提高创造了大好机遇。

本部分依据本书所构建的首个中国环保产业发展指数，以 331 个重点调查企业为样本，进行了 2015 年度我国环保产业发展指数测评，结论如下：

(1) 环保产业所具有的公益性使政府介入和政策支持具备了充分条件。本研究测评结果显示，一系列行业利好政策、标准和规制的出台，带动了社会环保投资的增长，抵消了经济下行的影响，为我国环保产业的大发展创造了良好的环境，表现为环保产业规模增长、产业结构调整向好。正是由于政策的推动才使得环保产业摆脱了经济下行的宏观影响，在带动经济增长方面表现突出，同时也为污染防控能力的提高奠定了基础。

(2) 对于新兴产业，投融资活动活跃可以激发市场活力，促进产业规模扩大，但产业制胜的关键是创新驱动。本研究的测评结果充分证实了这一产业发展规律，正是由于创新人才的集聚和创新能力的领跑，才使得尚处于发展期的我国环保产业，充分发挥了后发优势，没有走其他产业在产业发展期徘徊在产业价值链“U”形曲线底部的老路，较早地开始了价值链爬坡。

(3) 对处于新兴阶段的环保产业，政策推动是环保产业发展必不可少的外驱动力，而创新领跑是产业发展的关键。随着环保产业的发展壮大，可以考虑将政策激励的重点领域逐步由资金拉动过渡到创新驱动并行，以使内外动力更好地有机结合，促进环保产业的大发展。

第三部分
中国环保产业发展指数测评 2015
——以上市公司为样本

环保产业发展指数构建是个创新性工作，在国内尚为首例。环保上市公司的数据可获取性强，而且市场敏感性和政策敏感性都比较高，以其为样本进行环保产业发展指数测度，于宏观层面，可以作为我国环保产业发展状况的“晴雨表”，反映环保产业的发展潮流；于微观层面，可以反映单个企业的发展情况。重点调查企业与上市公司发展指数测评工作的有机结合，可以使产业、企业及政府相关部门更好地了解环保产业的发展态势，为产业与企业的优化及相关政策的制定提供科学依据。

为此，本次研究除了进行以重点调查企业为样本的环保产业发展指数测评，还进行了以上市公司为样本的环保产业发展指数测评，通过对比分析，检验上市公司对整个环保产业发展态势的表征度。测评结果显示：以环保上市公司为样本集的产业发展指数低于重点企业为样本集，但与宏观经济形势相比，两类样本集表现出的产业发展态势及其在经济增长中的作用是一致的；上市公司发展指数构成中的向下拉项分别是发展基础中的产业结构、发展环境中的市场因素和发展能力中的营运能及创新能力；向上拉分项是融资能力和投资活跃度。总体而言，与重点调查企业相比，上市公司还有非常大的进步空间。

第 8 章

2015 年度环保上市公司整体发展指数测评

8.1 样本选取及数据来源

考虑到数据的可获取性，本次测评参考证监会行业分类、中信证券行业分类和申银万国行业分类，从沪深 A 股 2 661 家上市企业中选取 92 家环保上市企业为数据样本，具体见 8-1，其中武汉控股、赤峰黄金数据缺失，在本次指数测评中未将其包含。

表 8-1 92 家沪深 A 股上市环保企业名录

序号	企业名称	细分行业
1	葛洲坝	水污染治理
2	金隅股份	固废处理与资源化
3	同方股份	大气污染治理
4	海亮股份	大气污染治理
5	泰达股份	固废处理与资源化
6	贵研铂业	大气污染治理
7	城投控股	固废处理与资源化
8	启迪桑德	固废处理与资源化
9	格林美	固废处理与资源化
10	东方园林	固废处理与资源化
11	龙净环保	大气污染治理
12	苏州高新	水污染治理
13	威孚高科	大气污染治理
14	首创股份	水污染治理
15	重庆水务	水污染治理
16	科达洁能	大气污染治理
17	大众公用	水污染治理

序号	企业名称	细分行业
18	碧水源	水污染治理
19	东湖高新	大气污染治理
20	安泰科技	大气污染治理
21	瀚蓝环境	水污染治理
22	盈峰环境	环境监测与检测
23	铁汉生态	环境修复
24	菲达环保	大气污染治理
25	远达环保	大气污染治理
26	华光股份	大气污染治理
27	同济科技	水污染治理
28	兴蓉环境	水污染治理
29	银轮股份	大气污染治理
30	洪城水业	水污染治理
31	漳州发展	水污染治理
32	神雾环保	水污染治理
33	清新环境	大气污染治理
34	普邦园林	固废处理与资源化
35	东江环保	固废处理与资源化
36	穗恒运 A	大气污染治理
37	中金环境	水污染治理
38	创元科技	水污染治理
39	龙马环卫	固废处理与资源化
40	创业环保	水污染治理
41	京运通	大气污染治理
42	兴源环境	水污染治理
43	聚光科技	环境监测与检测
44	万邦达	水污染治理
45	盛运环保	固废处理与资源化
46	山大华特	大气污染治理
47	华测检测	环境监测与检测
48	中山公用	水污染治理
49	天壕环境	固废处理与资源化
50	永清环保	大气污染治理
51	巴安水务	水污染治理
52	国祯环保	水污染治理
53	高能环境	环境修复
54	中再资环	固废处理与资源化
55	绿城水务	水污染治理
56	信雅达	大气污染治理

序号	企业名称	细分行业
57	江南水务	水污染治理
58	汉威电子	环境监测与检测
59	众合科技	水污染治理
60	中原环保	水污染治理
61	海陆重工	水污染治理
62	隆华节能	水污染治理
63	三维丝	大气污染治理
64	依米康	大气污染治理
65	科融环境	大气污染治理
66	雪迪龙	环境监测与检测
67	博世科	水污染治理
68	中国天楹	固废处理与资源化
69	渤海股份	水污染治理
70	天翔环境	水污染治理
71	维尔利	固废处理与资源化
72	伟明环保	固废处理与资源化
73	先河环保	环境监测与检测
74	美尚生态	环境修复
75	中电环保	水污染治理
76	海兰信	环境监测与检测
77	湘潭电化	水污染治理
78	雪浪环境	大气污染治理
79	津膜科技	水污染治理
80	环能科技	水污染治理
81	清水源	水污染治理
82	理工环科	环境监测与检测
83	天瑞仪器	环境监测与检测
84	汉王科技	环境监测与检测
85	国中水务	水污染治理
86	科林环保	大气污染治理
87	力合股份	水污染治理
88	启源装备	大气污染治理
89	铁岭新城	水污染治理
90	中联重科	固废处理与资源化

在指标选取上，本研究考虑到上市公司样本数据的可获取性，对原指标体系中的部分指标予以替换或简化。例如，将表征产业规模的环保业务营业收入替换为主营业务收入，将表征产业结构的内资比例替换为国企占比，将表征营运能力的环保业务利润率替

换为利润率，将表征融资能力的二级指标仅以融资总额来表征，将表征投资能力二级指标仅以投资总额进行表征。环保上市公司发展指数指标体系构成见 8-2。

表 8-2　沪深 A 股环保上市公司发展指数指标体系

产业发展基础	产业规模	从业人员
		资产总计
		年内新增固定资产投资
		主营业务收入
	产业结构	产业集中度
		服务业比例
		国企占比
产业发展环境	经济因素	经济景气程度
		经济发展速度
		城镇化水平
		工业占比
	政策因素	环保社会投资
	市场因素	应收账款周转率
产业发展能力	营运能力	总资产周转率
		净资产收益率
		净利润率
	融资能力	融资总额
	投资能力	投资总额
	技术创新能力	研发人员数量
		研发经费支出
		专利授权数量
	出口能力	出口收入占比

本次试测评所需的 2014 年和 2015 年的面板数据中，微观数据来源于 iFind 数据库收录的财务报告，宏观数据来源于国研网及其他相关统计年鉴。

8.2　环保上市公司整体发展指数计算

根据“中国环保产业发展指数”评价指标体系，依据我国沪深 A 股环保上市公司（共 90 家）2014 年和 2015 年的年报数据，测算了我国环保上市公司 2015 年度的“产业发展指数”，具体计算结果见表 8-3。

表 8-3　2015 年度环保上市公司发展指数各级分指标分值情况

<table>
<tr><th rowspan="2"></th><th colspan="2">一级指标</th><th colspan="2">二级指标</th><th colspan="2">三级指标</th></tr>
<tr><th>指标</th><th>分值</th><th>指标</th><th>分值</th><th>指标</th><th>分值</th></tr>
<tr><td rowspan="24">环保上市公司发展指数
100.33</td><td rowspan="7">发展基础</td><td rowspan="7">20.19</td><td rowspan="4">产业规模</td><td rowspan="4">4.15</td><td>从业人员</td><td>1.03</td></tr>
<tr><td>资产总计</td><td>1.12</td></tr>
<tr><td>年内新增固定资产投资</td><td>0.97</td></tr>
<tr><td>主营业务收入</td><td>1.03</td></tr>
<tr><td rowspan="3">产业结构</td><td rowspan="3">16.04</td><td>产业集中度</td><td>5.10</td></tr>
<tr><td>服务业比例</td><td>5.53</td></tr>
<tr><td>国企占比</td><td>5.42</td></tr>
<tr><td rowspan="6">发展环境</td><td rowspan="6">39.31</td><td rowspan="4">经济因素</td><td rowspan="4">15.46</td><td>经济景气程度</td><td>3.91</td></tr>
<tr><td>经济发展速度</td><td>3.73</td></tr>
<tr><td>城镇化水平</td><td>4.10</td></tr>
<tr><td>工业占比</td><td>3.72</td></tr>
<tr><td>政策因素</td><td>15.89</td><td>环保社会投资</td><td>15.89</td></tr>
<tr><td>市场因素</td><td>7.95</td><td>应收账款周转率</td><td>7.95</td></tr>
<tr><td rowspan="9">发展能力</td><td rowspan="9">40.81</td><td rowspan="3">营运能力</td><td rowspan="3">8.13</td><td>总资产周转率</td><td>2.66</td></tr>
<tr><td>净资产收益率</td><td>2.81</td></tr>
<tr><td>净利润率</td><td>2.66</td></tr>
<tr><td>融资能力</td><td>4.09</td><td>融资总额</td><td>4.09</td></tr>
<tr><td>投资能力</td><td>4.56</td><td>投资总额</td><td>4.56</td></tr>
<tr><td rowspan="3">技术创新能力</td><td rowspan="3">15.51</td><td>研发人员数量</td><td>5.50</td></tr>
<tr><td>研发经费支出</td><td>6.06</td></tr>
<tr><td>专利授权数量</td><td>3.96</td></tr>
<tr><td>出口能力</td><td>8.52</td><td>出口收入占比</td><td>8.52</td></tr>
</table>

8.3　计算结果分析

为便于横向比较和更加直观地反映环保产业发展指数下设的一级指标、二级指标和具体指标的变化对环保产业整体发展态势（以环保产业发展指数的变化予以体现）的影响，在进行发展指数计算结果分析时，对中国环保上市公司发展指数及其下设各级指标，均以单项指标百分制形式进行分析。分析结果如下：

8.3.1 产业综合发展水平稳中有升

环保产业发展指数下设的 3 个一级指标和 10 个二级指标的分指标数值详见表 8-4。

表 8-4 2015 年度环保上市公司发展指数

指数	一级指标		二级指标	
环保上市公司发展指数 100.33	发展基础	100.95	产业规模	110.53
			产业结构	98.73
	发展环境	98.26	经济因素	96.64
			政策因素	105.96
			市场因素	88.32
	发展能力	102.02	营运能力	92.27
			融资能力	134.89
			投资能力	138.20
			技术创新能力	94.93
			出口能力	100.00

注：数值＞100 为增长；＜100 为衰退；此外，由于上市公司年报数据中没有企业出口数值，因此所有样本该指标值均赋值为 1。

由表 8-4 可知，2015 年我国环保上市公司综合发展指数为 100.33，行业整体发展趋势稳中有升，这个结果与以重点调研企业为样本的环保产业发展指数测评（以下简称全产业测评）结果一致。

8.3.2 产业发展基础日臻完善

如表 8-5 所示，发展指数计算结果显示，2015 年我国环保上市公司产业规模指数达到 110.53，说明随着我国环保产业领域的不断拓展，环保产业总体规模呈现逐渐扩大的趋势，这个结论与全产业测评结果一致。产业规模扩大的动力主要源于资产总计，其分值达 119.21。

与此同时，产业结构指数 98.73 低于 100，也低于全产业测评结果，说明环保上市公司的产业优化程度有待提高。如图 8-2 所示，导致上市公司产业优化度降低的主要原因是市场集中度有所下降，市场竞争压力上升，因此虽然环保产业中服务业比重有所提高，但整体产业结构优化度降低。

表 8-5　2015 年中国环保上市公司发展基础指数

指标 / 数值	一级指标	二级指标	
	发展基础	产业规模	产业结构
赋权	20	3.8	16.2
发展指数	100.95	110.53	98.73

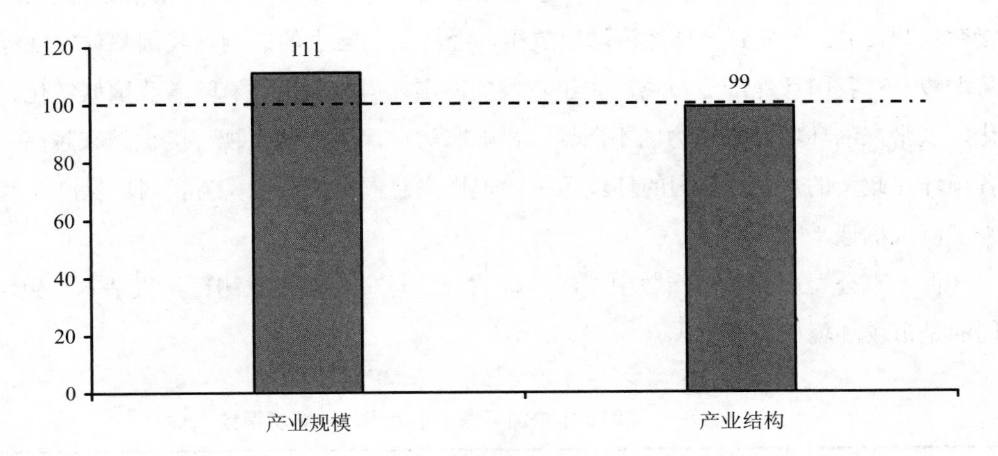

图 8-1　2015 年中国环保上市公司发展基础指数一级指标分值

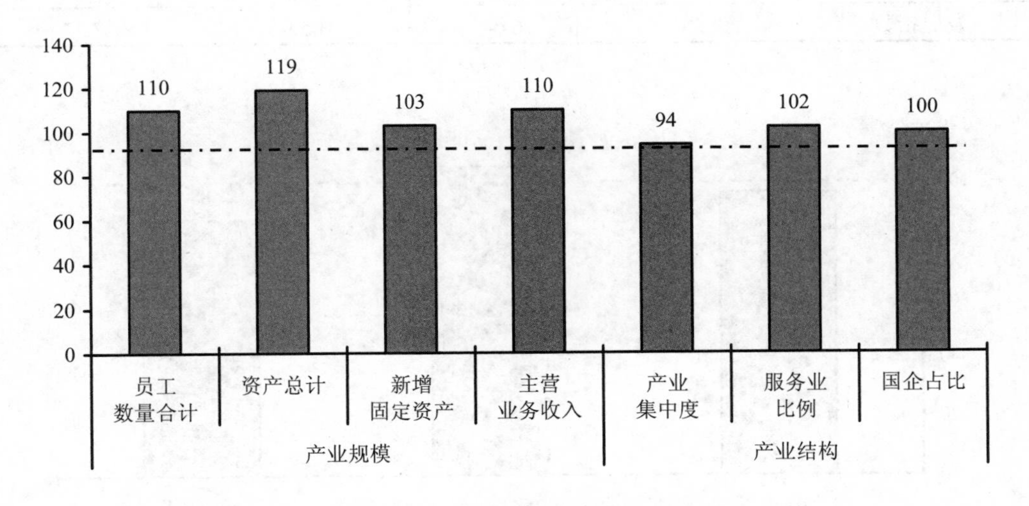

图 8-2　2015 年中国环保上市公司发展基础指数二级指标分值

8.3.3 产业发展环境机遇与挑战并存

如表 8-6 所示，发展指数计算结果显示，2015 年我国环保上市公司发展环境指数为 98.26。其中，经济因素指数为 96.64，市场因素指数为 88.32，政策因素指数为 105.96。该指数反映 2015 年受到全球经济增速放缓，经济复苏乏力的影响，我国整体宏观经济形势严峻，对我国环保产业市场产生了较大的冲击。但与此同时，随着我国城镇化、工业化发展带来的环境污染压力的不断增大，国家对环保产业的重视程度也越来越高。随着各项环保政策的落实，我国的环境污染治理投资总额持续提高，为我国环保产业发展带来了巨大机遇。

环保上市公司产业发展指数中二级指标的分值与全产业调查测评结果基本一致，所不同的是市场环境更为低靡。

表 8-6 2015 年中国环保上市公司发展环境指数

指标 数值	一级指标	二级指标		
	发展环境	经济因素	政策因素	市场因素
赋权	40	16.0	15.0	9.0
发展指数	98.26	96.64	105.96	88.32

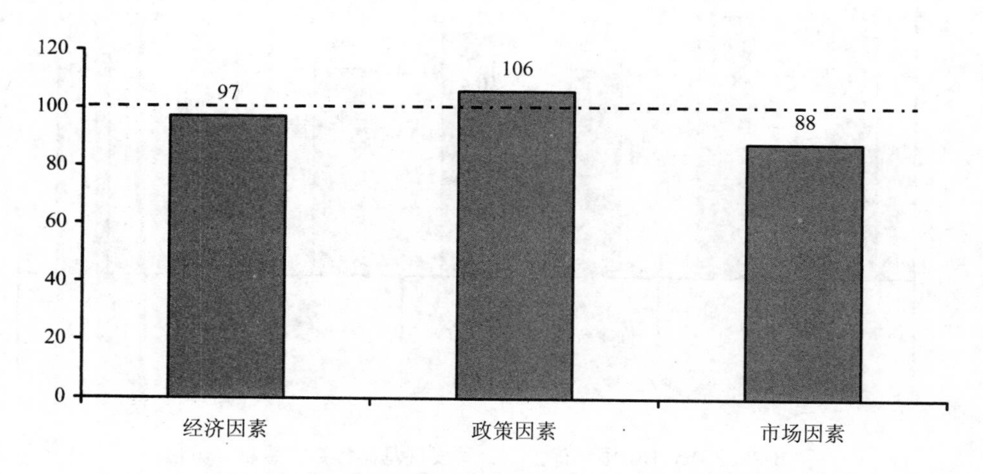

图 8-3 2015 年中国环保上市公司发展环境指数一级指标分值

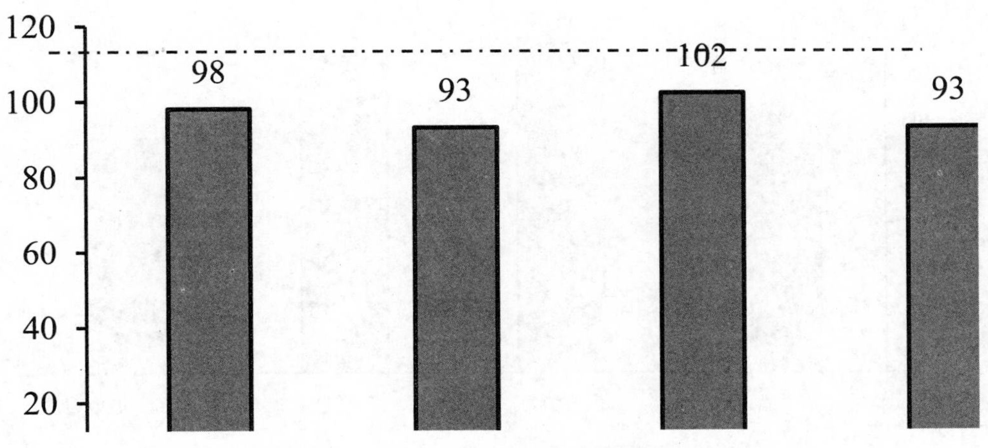

图 8-4 2015 年中国环保上市公司发展环境指数二级指标分值

8.3.4 产业发展能力有待进一步提高

如表 8-7 所示，发展指数计算结果显示 2015 年我国环保上市公司发展能力指数为 102.02，该数值低于全产业测评结果。其中，产业投资和融资能力指数分别为 138.20 和 134.89，表现最为突出，也大大高于全产业测评结果。但是由于上市公司的创新能力和营运能力都呈现下滑趋势，分别为 94.93 和 92.27，拉低了发展能力，低于全产业测评结果。

这说明，我国环保上市公司虽受到环保政策及产业政策的利好支持投融资活动活跃，但以企业为主体的技术创新体系建设进展迟缓，新技术示范推广渠道不畅，加之市场集中度不够，这些因素成为阻碍我国环保上市公司快速发展的瓶颈，也影响了行业整体发展能力的提升。

表 8-7 2015 年中国环保上市公司发展能力指数

指标／数值	一级指标	二级指标			
	发展能力	营运能力	融资能力	投资能力	创新能力
赋权	31.5	8.8	3.0	3.3	16.3
发展指数	102.02	92.27	134.89	138.20	94.93

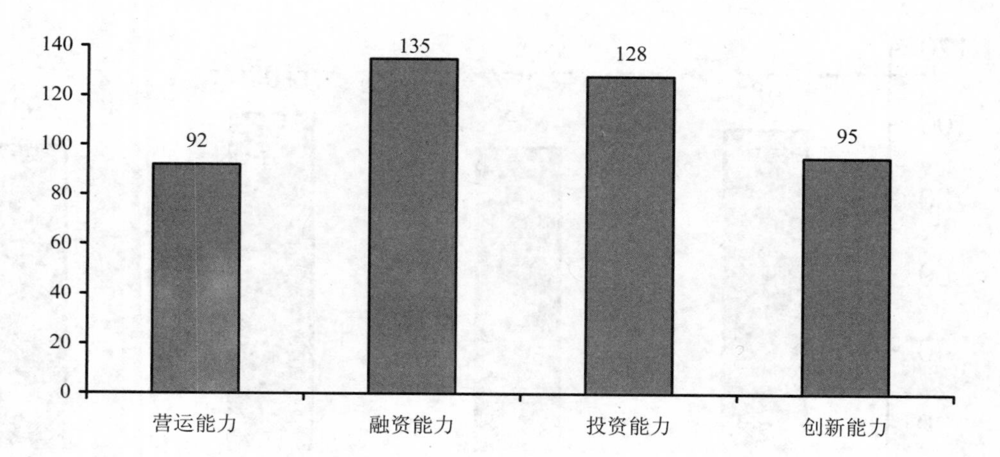

图 8-5　2015 年中国环保上市公司发展能力指数一级指标分值

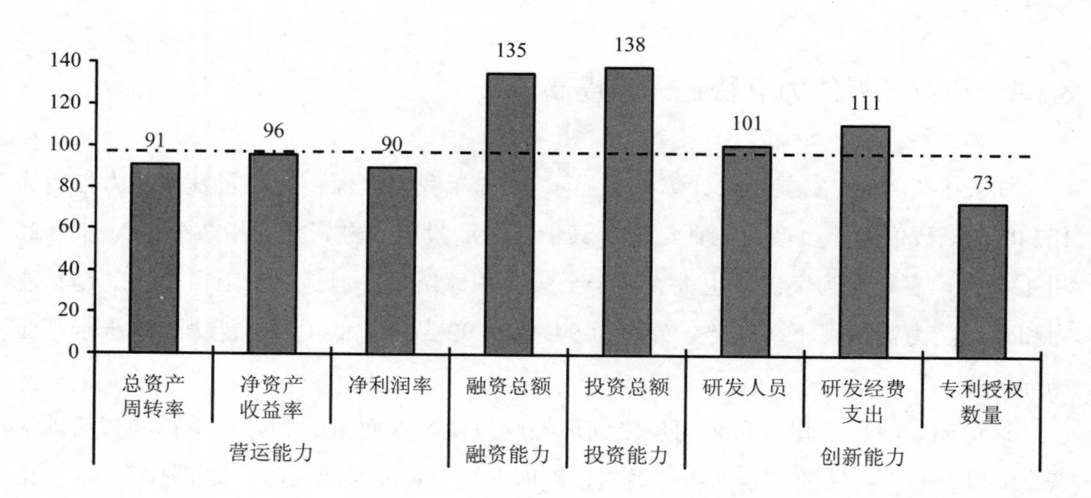

图 8-6　2015 年中国环保上市公司发展能力指数二级指标分值

第9章

2015年度环保上市公司企业发展指数测评

9.1 企业发展指数计算

企业发展指数，旨在反映我国环保行业上市公司的微观运行情况，包括变动方向和变动程度。本部分在“中国环保产业发展指数”评价指标体系的基础上，去除表征整体产业基础的产业结构指标，选取企业规模、经济因素、市场因素、营运能力、融资能力、投资能力、技术创新能力和出口能力作为企业发展指数评价指标，为体现发展指数的动态特征，采用比值法对指标值进行标准化处理，各指标权重对应“中国环保产业发展指数” 评价指标体系中的指标赋权，对2015年我国沪深A股90家环保上市公司的企业发展指数进行测算，具体计算结果见附录3。

9.2 计算结果分析

在此，仅对发展指数排名前10企业的企业发展指数进行分析。2015年我国环保上市公司企业发展指数排名前10的企业如表9-1所示。

9.2.1 排名前10企业分布情况分析

观察上述排名前10的企业分布不难发现：环境监测与检测行业有3家，占环境监测与检测上市公司总数的30%；固废处理与资源化行业3家，占固废处理与资源化上市公司总数的18%；水污染治理行业3家，占水污染治理上市公司总数的8%；大气污染治理行业1家，占大气污染治理上市公司总数的4%；环境修复行业0家。环境监测与检测上市企业表现突出。

表 9-1　2015 年我国环保上市公司企业发展指数排名前 10 名

排名	企业名称	行业	发展指数	企业规模	产业结构	经济因素	政策因素	市场因素	营运能力	融资能力	投资能力	创新能力	出口能力
1	理工环科	监	456	533	99	97	213	218	107	9 191	225	302	100
2	永清环保	气	427	128	99	97	124	51	158	10 810	154	75	100
3	天瑞仪器	监	325	106	99	97	213	74	94	292	6 391	89	100
4	神雾环保	水	318	926	99	97	82	365	405	232	58	940	100
5	东方园林	固	244	1 943	99	97	335	105	87	83	1 475	78	100
6	伟明环保	固	204	330	99	97	335	95	106	424	469	337	100
7	先河环保	监	190	264	99	97	213	124	104	2 021	119	140	100
8	重庆水务	水	188	94	99	97	82	87	105	100	53	677	100
9	巴安水务	水	168	132	99	97	82	139	97	234	928	318	100
10	龙马环卫	固	167	350	99	97	335	101	80	230	606	127	100

注：由于上市公司年报数据中没有企业出口数值，因此所有样本该指标值均赋值为 1。

细分行业包括：水——水污染治理；固——固废处理与资源化；气——大气污染治理；环——环境修复；监——环境监测与检测；修——环境修复。

9.2.2　排名前 10 企业指数拉动因素分析

排第一位的企业是理工环科，企业发展指数及分项指标指数分值如表 9-2 所示。该企业发展指数为 456，发展指数高的主要拉动因素是发展能力，分值为 883，其次是发展基础，分值为 180。发展能力中表现最突出的是融资能力，翻阅其年度财务报告发现，其融资总额 2015 年较 2014 年同期增长了 250.30%；而发展基础最为突出的是企业规模，分值为 533，促进企业规模扩张的主要来源是年内新增固定资产投资，主要原因是 2015 年企业合并了江西博微公司和尚洋环科公司。但是该企业也有发展短板，经济因素和产业结构是所有企业存在的问题，此后不再赘述，其净利润率和专利授权数量是所有指标中分值最低的两项，净利润率分值为 85，专利授权数量分值为 75。

表 9-2　理工环科企业发展指数及各分项指标分值

<table>
<tr><th rowspan="2"></th><th colspan="2">一级指标</th><th colspan="2">二级指标</th><th colspan="2">三级指标</th></tr>
<tr><th>指标</th><th>分值</th><th>指标</th><th>分值</th><th>指标</th><th>分值</th></tr>
<tr><td rowspan="22">理工环科发展指数 456</td><td rowspan="7">发展基础</td><td rowspan="7">180</td><td rowspan="4">企业规模</td><td rowspan="4">533</td><td>从业人员</td><td>282</td></tr>
<tr><td>资产总计</td><td>247</td></tr>
<tr><td>年内新增固定资产投资</td><td>1 373</td></tr>
<tr><td>主营业务收入</td><td>230</td></tr>
<tr><td rowspan="3">产业结构</td><td rowspan="3">99</td><td>产业集中度</td><td>94</td></tr>
<tr><td>服务业比例</td><td>102</td></tr>
<tr><td>国企占比</td><td>100</td></tr>
<tr><td rowspan="6">发展环境</td><td rowspan="6">168</td><td rowspan="4">经济因素</td><td rowspan="4">97</td><td>经济景气程度</td><td>98</td></tr>
<tr><td>经济发展速度</td><td>93</td></tr>
<tr><td>城镇化水平</td><td>102</td></tr>
<tr><td>工业占比</td><td>93</td></tr>
<tr><td>政策因素</td><td>213</td><td>环保社会投资</td><td>213</td></tr>
<tr><td>市场因素</td><td>218</td><td>应收账款周转率</td><td>218</td></tr>
<tr><td rowspan="9">发展能力</td><td rowspan="9">883</td><td rowspan="3">营运能力</td><td rowspan="3">107</td><td>总资产周转率</td><td>131</td></tr>
<tr><td>净资产收益率</td><td>106</td></tr>
<tr><td>净利润率</td><td>85</td></tr>
<tr><td>融资能力</td><td>9 191</td><td>融资总额</td><td>9 191</td></tr>
<tr><td>投资能力</td><td>225</td><td>投资总额</td><td>225</td></tr>
<tr><td rowspan="3">技术创新能力</td><td rowspan="3">302</td><td>研发人员数量</td><td>691</td></tr>
<tr><td>研发经费支出</td><td>139</td></tr>
<tr><td>专利授权数量</td><td>75</td></tr>
<tr><td>出口能力</td><td>100</td><td>出口收入占比</td><td>100</td></tr>
</table>

排第二位的企业是永清环保，企业发展指数及分项指标指数分值如表 9-3 所示。该企业发展指数为 427，主要拉动因素是发展能力。发展能力中表现最突出的是融资能力，分值为 10 810，其 2015 年融资总额较 2014 年增加 52 895.56 万元，主要为 2015 年内收到非公开发行股票 31 408.34 万元、限制性股票 4 905.97 万元以及子公司收到的项目贷款 17 000 万元。但是该企业也有发展短板，其市场因素和技术创新能力是企业最大的短板，表征市场因素的应收账款周转率分值仅为 51，主要原因是企业在元宝山、霍林河坑口和太钢超低排放等项目完成结算增加应收，而未能及时完成回收；表征技术创新能力的研发经费支出分值为 68，专利授权数量分值为 58，成为拉低技术创新能力分值的主要原因。

表 9-3　永清环保企业发展指数及各分项指标分值

	一级指标		二级指标		三级指标	
	指标	分值	指标	分值	指标	分值
永清环保发展指数427	发展基础	104.26	企业规模	128	从业人员	105
					资产总计	148
					年内新增固定资产投资	173
					主营业务收入	86
			产业结构	99	产业集中度	94
					服务业比例	102
					国企占比	100
	发展环境	96.49	经济因素	97	经济景气程度	98
					经济发展速度	93
					城镇化水平	102
					工业占比	93
			政策因素	124	环保社会投资	124
			市场因素	51	应收账款周转率	51
	发展能力	918.98	营运能力	158	总资产周转率	65
					净资产收益率	163
					净利润率	246
			融资能力	10 810	融资总额	10 810
			投资能力	154	投资总额	154
			技术创新能力	75	研发人员数量	101
					研发经费支出	68
					专利授权数量	58
			出口能力	100	出口收入占比	100

排第三位的企业是天瑞仪器，企业发展指数及分项指标指数分值如表 9-4 所示。该企业发展指数为 325，主要拉动因素是发展能力，分值为 627.08。发展能力中分值最高的是投资能力，分值为 6 391，其 2015 年投资总额较 2014 年增加 221 852.66%；融资能力也是拉动发展能力的一大因素，分值为 292。但是该企业也有发展短板，其市场因素和技术创新能力是企业最大的短板，表征市场因素的应收账款周转率分值为 74，主要原因是 2015 年收购天瑞环境，期末数纳入合并范围增加所致；而专利授权数量是拉低技术创新能力分值的主要原因，分值为 53。

表 9-4　天瑞仪器企业发展指数及各分项指标分值

	一级指标		二级指标		三级指标	
	指标	分值	指标	分值	指标	分值
天瑞仪器发展指数	发展基础	100.19	企业规模	106	从业人员	115
					资产总计	109
					年内新增固定资产投资	85
					主营业务收入	116
			产业结构	99	产业集中度	94
					服务业比例	102
					国企占比	100
	发展环境	135.18	经济因素	97	经济景气程度	98
					经济发展速度	93
					城镇化水平	102
					工业占比	93
			政策因素	213	环保社会投资	213
			市场因素	74	应收账款周转率	74
	发展能力	627.08	营运能力	94	总资产周转率	110
					净资产收益率	89
					净利润率	81
			融资能力	292	融资总额	292
			投资能力	6 391	投资总额	6 391
			技术创新能力	89	研发人员数量	105
					研发经费支出	109
					专利授权数量	53
			出口能力	100	出口收入占比	100

综合上述 10 个企业的分析结果不难发现，融资能力和投资能力是拉动环保上市公司企业发展指数领先的最主要因素，理工环科、永清环保、天瑞仪器都是因为这个因素的拉动而排名靠前，除此之外，企业规模和政策因素也是重要的拉动因素。

9.2.3　发展基础排名前 10 企业分析

企业规模构成了环保上市公司的最主要的发展基础。表 9-5 列出了我国环保上市公司企业发展指数中规模指数排名前 10 的企业。

表 9-5　2015 年环保上市公司企业规模指数前 10 名

排名	企业名称	行业	企业规模指数	发展指数排名
1	东方园林	固	1 943.19	5
2	神雾环保	水	925.89	4
3	雪浪环境	气	762.99	31
4	理工环科	监	532.99	1
5	湘潭电化	水	396.03	73
6	国祯环保	水	391.28	12
7	龙马环卫	固	349.96	10
8	伟明环保	固	329.58	6
9	雪迪龙	监	299.12	26
10	盈峰环境	监	276.83	35

由表 9-5 可知，企业规模排名前 10 的企业在各细分领域中的分布情况如下：水污染治理占 3 名，固废处理与资源化占 3 名，环境监测与检测占 3 名，大气污染治理占 1 名。

9.2.4　发展能力排名前 10 企业分析

营运能力是构成企业发展能力的要件之一。营运能力排名前 10 的企业如表 9-6 所示。

表 9-6　2015 年环保上市公司营运能力指数前 10 名

排名	企业名称	行业	营运能力指数	发展指数排名
1	神雾环保	水	404.61	4
2	科林环保	气	240.11	21
3	众合科技	水	206.81	70
4	盛运环保	固	169.91	20
5	永清环保	气	158	2
6	海兰信	监	144.59	41
7	中山公用	水	139.06	60
8	清新环境	气	136.89	51
9	城投控股	固	133.15	23
10	江南水务	水	129.82	78

由表 9-6 可知，营运能力前 10 名企业的行业分布为水污染治理占 4 名，大气污染治理占 3 名，固废处理与资源化占 2 名，环境监测与检测占 1 名。

融资能力排名前 10 的企业如表 9-7 所示。

表 9-7 2015 年环保上市公司融资能力指数前 10 名

排名	企业名称	行业	融资能力指数	发展指数排名
1	永清环保	气	427.04	2
2	理工环科	监	456.41	1
3	先河环保	监	190.20	7
4	环能科技	水	155.26	16
5	万邦达	水	161.01	11
6	中再资环	固	157.65	13
7	清水源	水	148.18	22
8	中金环境	水	128.44	34
9	京运通	气	157.18	15
10	津膜科技	水	120.61	40

由表 9-7 可知，融资能力前 10 名企业的行业分布为水污染治理占 5 名，大气污染治理占 2 名，环境监测与检测占 2 名，固废处理与资源化占 1 名。

投资能力排名前 10 的企业如表 9-8 所示。

表 9-8 2015 年环保上市公司投资能力指数前 10 名

排名	企业名称	行业	投资能力指数	发展指数排名
1	天瑞仪器	监	427.04	3
2	国祯环保	水	456.41	12
3	东方园林	固	190.20	5
4	科林环保	气	155.26	21
5	渤海股份	水	161.01	47
6	巴安水务	水	157.65	9
7	清水源	水	148.18	22
8	中电环保	水	128.44	52
9	依米康	气	157.18	28
10	穗恒运 A	气	120.61	44

由表 9-8 可知，投资能力前 10 名企业的行业分布为水污染治理占 5 名，大气污染治理占 3 名，环境监测与检测占 1 名，固废处理与资源化占 1 名。

技术创新能力排名前 10 的企业如表 9-9 所示。

表 9-9 2015 年环保上市公司技术创新能力指数前 10 名

排名	企业名称	行业	技术创新能力指数	发展指数排名
1	神雾环保	水	940.47	4
2	重庆水务	水	677.21	8
3	伟明环保	固	337.06	6
4	巴安水务	水	318.50	9
5	理工环科	监	301.77	1
6	京运通	气	233.61	15
7	天翔环境	水	201.51	45
8	中国天楹	固	200.66	17
9	华测检测	监	196.94	25
10	高能环境	修	187.99	61

由表 9-9 可知，技术创新能力能力前 10 名企业的行业分布为水污染治理占 4 名，大气污染治理占 1 名，环境监测与检测占 2 名，固废处理与资源化占 2 名，环境修复 1 名。

*　*　*

本部分研究结论

以沪深 A 股 90 家环保上市公司为样本的中国环保产业发展指数（2015）测评结果显示：

（1）对环保上市公司整体而言，其产业发展指数高于宏观经济景气指数及 GDP 增长指数，对经济增长起正向拉动作用。

（2）对于环保企业个体而言，企业规模、融资能力和投资能力是拉动企业发展指数领先的最主要因素，但只有各方面都没有明显短板，才可能居业内领先水平。

（3）上市公司集与重点调查企业集所构成的产业发展指数测算结果存在一定差异，前者低于后者。重点调查企业集的产业结构、市场因素、营运能力和技术创新能力等二级指标的分指数高于上市公司集；而上市公司集在投融资方面的二级指标明显高于重点调查企业集。

第四部分 环保产业环境贡献核算

环保产业环境贡献核算的目的是直观地评估环保产业的环境保护效果。由于不同产业环境贡献的核算对象、方法、指标众多，不同方法存在不同的衡量标准，并且目前环境监测的各种指标之间量纲不统一。只有实现环境贡献核算方法的标准化和环境指标量纲的统一化，才能综合衡量评价对象的环境保护效果。如何将环境指标去量纲化和核算方法标准化是研究的难点。

本部分以国内外研究现状系统梳理与借鉴为基础，研究创新性地提出：开发基于碳核算的环保贡献核算方法，评估环保产业的环境贡献，并对不同环保产业发展状况进行评价，弄清环保产业的环保贡献到底是多大以及发展趋势如何，为环保产业的发展和引领提供参考。

第 10 章 国内外研究进展

10.1 环保产业环境贡献评价

环保产业是以“低资本投入、低能源消耗、低环境污染和高经济效益”的“三低一高”模式为目的的技术开发、产品生产、商品流通、资源利用、信息服务的再生产体系，产业的环境效益是环保产业绩效评价与其他产业的不同之处。岳锋利（2010）证明了环保产业的社会边际成本小于私人边际成本，社会边际收益大于私人边际收益，是存在正外部性的产业；李越和车璐（2012）认为环保产业的发展必须依靠关键环保技术。环保产业与其他产业最大的区别是其环境效益的正外部性，这是评价环保产业发展状况必须重视的部分。大多数学者对环境绩效的评估主要是根据企业业务实践的不同来影响环境的。Cormier 和 Magnan（1997）提出将污水排放量作为环境绩效水平的衡量指标；Patten（2002）提出将工厂有毒物质的排放量作为衡量指标；Al-Tuwaijri 等（2004）提出废物回收是对生态环境的补偿，可将其作为衡量指标；Mobus（2005）提出企业的社会环境责任是构建友好型环境的重要因素。

目前，专门针对环保产业的环境贡献评价研究较少，关于环境效益的评估多是从单要素维度加以评估，采用的方法包括主成分分析、层次分析方法等传统的评价方法，涉及水、气、渣等多要素综合环境效益评估尚鲜见报道，已有的评价方法不能有效地体现生态资本的价值。在实际操作过程中缺乏量纲统一和比较尺度标准，急需构建一套科学、实用的环保产业环境贡献评价体系，为环保产业的问题诊断、对策制订、产业发展水平和效益的提升提供技术支撑。

10.2 生态资本及其价值化

在《“十三五”国家战略性新兴产业发展规划》中，将新能源汽车、新能源和节能环保产业统称为绿色低碳产业，这是产业生态化的标志。“绿水青山就是金山银山”是指通过资源化、商品化实现生态资源的资本化，最终实现环境价值、社会价值和经济价值的有机统一。现代经济社会越发展，人类越要求优美生态环境质量，生态系统的整体性越重要，因而生态资本存量的增加在经济社会发展中的作用日益重要。环保产业就是更多地依靠物质资本和人力资本的作用，代替生态资本，以绿色发展为目标，提高物质和能源的使用效率，实现生态资本的保值和增值，保障生态资本的可持续发展，使经济增长方式转变为低能耗、低污染。

生态资本，是相对于物质资本与人力资本而存在的，表现为生态系统所具有的资源生态潜力、环境自净能力、生态环境质量、对人类的整体有用性等生态质量因素的总和，是具有生态价值的资本（王海滨，2005）。1987 年，布伦特兰委员会提出把环境当作生态资本看待，认为环境和生物圈是一种最基本的生态资本。

从经济发展的角度看，生态资本是稀缺的。由于更多的人和经济体面临生命系统更大的压力，对经济持续繁荣的制约将更多地取决于生态资本（严立冬等，2009）。因此，生态资本理论已成为可持续发展研究的重要议题（谢高地等，2008）。只有将生态资源通过市场货币化充分体现出其价值，才能有效地解决环境污染，实现生态资源的可持续利用。生态资源的资本化，使得生态资本理论应运而生。由于生态资本这一概念提出的时间较短，现行生态资本理论研究主要集中在基本概念、属性、价值等方面。随着环境的日益恶化，生态资源的稀缺性日益显现，生态资本的价值如果仍然不能得到科学合理的估算，人与自然关系的改善与否势必缺乏判断的标准，化解经济发展与环境保护的矛盾也只能成为一句空话。

生态系统价值的核算方法比较多，如补偿价值法（劳动价值论）、总经济价值法（效用价值论）、租金或预期收益资本化法（地租和财务管理理论）、边际机会成本法（效用价值论）、总和价值法（生态资本的价值等于人类直接投入的劳动，生物有机体的使用价值与所有权价值和生态系统服务级差地租之和）以及替代价值法（效用价值论）（李世聪，2005）等，基于经济学视角对生态资本进行估价的计量方法主要有市场法、成本法、逆算法、生态足迹法、影子价格法和边际机会成本法等。上述方法有各自的优点，但均存在一定的局限性。至今为止没有哪一种方法可以解决生态资本核算的主要困难，即如何综合反映生态资本的区域性差异、复杂性的空间分布和替代转化的生态阈值及其完整性动态性等特点，因此，自然资源价值量的计量问题是生态资本理论体系研究的难点。

生态资本既具有自然生态的使用价值属性，也具有一般资本保值与增值的价值属性，既需要遵循自然发展和生态阈值规律，也需要遵循市场供求规律。日本教授洋一加岳（Yoichi Kaya，1989）在 IPCC 的一次研讨会上最先提出 Kaya 恒等式，此后被联合国政府间气候变化专门委员会（IPCC）接受，成为世界上第一种比较系统的碳排放量估算方法，为生态资本的核算提供了新的思路与方法。该方法提出后，在我国得到了广泛应用。基于碳核算对生态资本账户的时空特征进行分析，为推行生态与经济发展的双赢提供一定的参考依据。

生态资产要实现资本化，必须创造条件使得生态服务和自然资源能实现顺利的转换，生态市场的作用即在于此，碳汇市场、排污权交易市场等都是生态市场的具体表现，通过市场供求和竞争机制，实现生态资产的货币化，生态资产价值的货币化为生态资本的形成奠定基础，生态资本的增值性才有体现的可能（张媛，2015）。在挖掘生态服务价值的基础上，优化生态资本自身结构，提高生态资本的效率，为繁荣社会经济、积累生态资本奠定基础。

10.3　碳核算

全球气候变暖的诱因促使世界各国在经济发展与生态环境建设方面寻求平衡，碳交易市场通过市场机制，旨在鼓励减少二氧化碳排放，使碳交易价格真正反映碳资产的价值，同时也为实现碳生态资本价值的补偿提供依据。为了使环保产业所节约的生态资本价值最大化，须实行以碳核算为基础的环保产业环境贡献核算方法。

对碳排放量的计算，至今仍没有形成统一的标准。国际碳排放核算体系主要由自上而下的宏观层面核算和自下而上的微观层面核算两部分构成。前者以 IPCC 的《国家温室气体清单指南》为代表，它通过对国家主要的碳排放源进行分类，在部门分类下再构建子目录，直到将排放源都包括进来，它本质上是通过自上而下层层分解来进行核算的。

而自下而上的碳核算方式通过对于企业和产品碳足迹的核算，了解各类微观主体包括企业、组织和消费者在生产过程或消费过程中的温室气体排放情况，理论上可以汇总得到关于一定区域内的碳排放总量。该核算方式包括 3 种方法：①基于产品的核算，主要是基于产品生命周期计算“碳足迹”，以 PAS2050 标准为代表。②基于企业/组织的核算，通过排放因子法来计算碳排量。目前，较为公认且运用比较广泛的核算企业温室气体排放情况的方法指南是《温室气体协议：企业核算和报告准则》。③基于项目的核算，重点确定基准线排放。该方法主要包括《京都议定书》中的清洁发展机制（CDM）、WRI 和 WBCSD 制定的项目核算 GHG 协议（The GHG Protocol for Project Accounting）以及国际标准化组织（ISO）发布的国际温室气体排放核算、验证标准（ISO 14064）。

近几年，我国也发布了一些全国性和地方性的碳排放核算体系，如《上海市温室气体排放核算与报告指南》《江苏省温室气体排放信息平台计算指南》《基于组织的温室气体排放计算方法》等。

以上成果对于碳排的核算提供了有力支持，本研究在以上核算方法的基础上，进一步凝练环保产业碳（减）排的核算方法。具体包括：能源燃烧和废弃物排放会导致环境质量下降、污染治理需要消耗资源能源、环保产业减少了废弃物排放，因此环保产业所减少排放的废弃物可看作碳减排；土壤修复之后重新具备固碳的能力、吸收一定量的 CO_2，可看作碳减排。因此，污染物减排的碳减排量与土壤修复的固碳量之和减去能源消耗的碳排量，即可得到环保产业的净碳（减）排量。

10.4 能值分析方法

从环保产业带来的环境保护效果看，环保产业系统对资源的利用和排放污染物对环境的危害是其环境影响的两方面，资源让系统得以持续运行，而污染废物的产生往往是不可避免的，且可能对环境产生一定的不利影响。由于环保产业的渗透性，同时其排放的污染物涉及水、气、渣等不同的环境要素，因此不同环保产业的能源利用量和污染物排放量存在显著差异，且污染物排放类型不同，如二氧化硫、氮氧化物、化学需氧量、氨氮、固体废物等，这些指标无法直接进行综合排序，这就要求把不同种类、不可比较的资源环境要素转换成同一标准单位，以便于比较分析。然而，目前还没有学者进行相应的量纲统一折算方法研究。

能值分析方法于 20 世纪 80 年代由美国著名生态学家 Odum 提出，它指某种能量或物质在其产生过程中直接或间接所消耗的另一种能量的量，由于任何形式的能量均始于太阳能，常用太阳能为基准来衡量各种能量的能值。对任何资源、产品或劳务形成所需直接或间接应用的能量，就是其所具有的太阳能值。能值转换率定义为每单位某种类别的能量或物质所含能值的量，常用太阳能值转换率来表示，太阳能值转换率是指形成 1 J 产品所需要的太阳能值。能值分析以太阳能值为统一单位来衡量不同质、量的能量和物质，使原本不可比较的能量和物质具有统一的衡量标准具有可比性；将环境贡献纳入考虑范畴，体现了资源的真正价值。因此，运用能值分析方法将不同种类、不可比较的环境要素相联系，以能量为基础评价环保贡献成为一种可行方案。既有的关于能值分析的评价，主要针对能值资源的利用情况进行分析，鲜有对废物能值的环境影响进行衡量。

第 11 章

理论基础

11.1 价值论

生态环境是我们创造财富的要素之一。威廉·配第在《财富论》中说“劳动是财富之父，土地是财富之母”，从这里可以看出，土地实际上就是生态资源的代名词。马克思在《资本论》中指出“资本化的地租表现为土地价格或价值”，“真正的地租是使用土地本身而支付的，不管这种土地是处在自然状态，还是被开垦”。“地租表现为任何一定的货币收入都可以资本化，也就是说，都可以看作一个想象的资本化的利息”。随着生态环境破坏的加剧和对生态系统服务功能的进一步研究，人们更加深刻地认识到生态环境的价值，以及生态系统市场价值的产生。生态系统服务功能是指人类从生态系统获得的效益，生态系统除了为人类提供直接的产品以外，还可提供其他种类的效益功能，包括调节功能、文化功能和支持功能等，这些功能充分反映了生态系统的内在价值。价值论为生态资源的资本化提供了坚实的理论基础。

11.2 外部性理论

所谓外部性是指单个家庭或厂商的经济活动对其他家庭或厂商的影响，亦称为外在效应或溢出效应。20 世纪初，经济学家庇古在研究当时英国的空气污染时发现，工厂自由排放污染物，治理污染却并不构成工厂本身的生产成本，而要所有的人共同承担，即构成了社会成本。显然，在私人成本和社会成本之间出现了一定的差额。庇古称之为边际社会产品与边际私人产品的差额。庇古认为，这一差额不能在市场上靠“看不见的手”自行消除，将污染的外部成本内部化。环境资源的生产和消费过程中产生的外部性，主要反映在两个方面：①资源开发造成生态环境破坏所形成的外部成本；②生态环境保护所产生的外部效益。由于这些成本或效益没有在生产或经营活动中得到很好的体现，从而导致了破坏生态环境没有得到应有的惩罚，保护生态环境产生的生态效益被他人无偿享用，使得生态环境保护领域难以达到帕累托最优。

外部性是经济学家们用来解释市场失灵的重要工具，它在整个经济学理论体系中的重要性不言而喻。而在生态环境问题中，外部性理论更是扮演着十分重要的角色，它对生态环境问题的产生、演变以及解决有着极强的解释力。因而要讨论生态环境的治理问题，必然要涉及外部性理论。值得注意的是，外部性理论在生态环境问题中的应用，具有一定的特殊性。它所影响的范围要广泛得多，不仅与经济系统内各参与者的行为直接相关，而且更涉及人与自然的关系，特别是与生态环境的自然属性直接相关。

11.3 产权理论

1960年，科斯发表了题为《社会成本问题》的文章。科斯认为，只要产权是明晰的，有关当事人即可通过相互协商和谈判，实现有效率的结果，市场机制可以引导经济运行，包括有外部性效应的生态经济高效率地运行。在可持续的资源与环境管理中，同样也可以通过产权协商来协调各方的利益，实现没有社会成本的优化管理。这一制度把外部性问题的解决变成了个体的分散决策和单个选择，而且将事后的治理或索赔变成了事先的协商，因此在微观管理中有一定的实用价值。但一般认为，科斯的设想在理论上的价值远大于其在实际中的应用价值。科斯认为不能将外部性问题简单地看成是市场失灵，外部性问题的实质在于双方产权界定不清，出现了行为权利和利益边界不确定的现象，从而产生了外部性问题。因此，要解决外部性问题，必须明确产权，即确定人们是否有利用自己的财产采取某种行动并造成相应后果的权利。科斯提出：如果产权是明晰的，同时交易费用为零，那么无论产权最初如何界定，都可以通过市场交易使资源的配置达到帕累托最优，即通过市场交易可以消除外部性（科斯第一定理）。科斯进一步探讨了市场交易费用不为零的情况，认为当交易费用为正且较小时，可以通过合法权利的初始界定来提高资源配置效率，实现外部效应内部化，无须抛弃市场机制（科斯第二定理）。

第 12 章 环保产业环境贡献指标体系构建

环保产业的环境效益指标需反映生产方式对环境的影响程度以及在污染治理方面的努力程度。因此，本研究将从主要污染物减排量以及能源节约方面设立环保产业环境贡献评价指标体系，评估环保产业的环境贡献。

通过环保产业的直接资源“投入”和环境“产出”，也就是能源消耗节约量和污染物减排量，考虑国家节能减排政策，从“节能”“减排”两个方面出发，结合我国污染排放总量控制指标，以服务于环保产业对环境保护的贡献为基本选取原则，从水、气、渣和土壤修复四大类入手，选取指标如下：

12.1 水环境保护贡献绩效指标

指标包括：废水治理设施设计处理能力、废水处理量、再生水生产能力、再生水利用量、主要污染物去除量，包括化学需氧量、氨氮、总氮、总磷。

12.2 大气环境保护贡献绩效指标

指标包括：废气治理设施设计/实际处理能力、脱硫设施设计/实际处理能力、脱硝设施设计/实际处理能力、除尘设施设计/实际处理能力、主要污染物去除量，包括二氧化硫减排量、氮氧化物减排量、烟（粉）尘减排量。

12.3 固体废物环境保护贡献绩效指标

指标包括：一般工业固体废物综合利用量、危险废物综合利用量、生活垃圾堆肥设计处理能力、实际堆肥量。

12.4　土壤环境绩效指标

指标为土壤修复面积。

12.5　节能指标

指标包括原煤消耗量、焦炭消耗量、原油消耗量、汽油消耗量、煤油消耗量、柴油消耗量、燃料油消耗量、天然气消耗量、液化石油气消耗量、炼厂干气消耗量、用电量。

第 13 章

环保贡献核算的整体思路

任何产业产生的环境影响均可概括为两个方面：能源利用和污染物排放。对于环保产业来说，与其他产业的不同主要体现在能够促进能源消耗减少和污染物排放减少两个方面。这就要求将能源消耗减少和污染物排放减少的环境影响进行核算，即将不同种类的资源环境要素转换成同一单位，碳核算方法可以实现这一目的。

根据碳排系数法，核算能源消耗的碳排放和污染物减排的碳减排量以及土壤修复的固碳量，从而计算环保产业的碳（减）排量，衡量环保产业的环保贡献。能源燃烧和污染物排放导致的污染治理需要消耗资源和能源，会增加 CO_2 的排放，而土壤修复之后会重新具备固碳的能力，吸收一定量的 CO_2。因此，污染物减排的碳减排量与土壤修复的固碳量之和减去能源消耗的碳排量，即可得到环保产业的净碳（减）排量。

13.1 建立碳（减）排核算账户

本研究建立碳减排核算账户，即能源消耗碳排放子账户、土壤修复固碳子账户和污染物减排碳减排子账户三大类。基本框架见图 13-1。

第一大类，能源消耗碳排账户。将能源消费划分为煤、油品、气、电力等 4 个子账户，其中煤包括原煤、焦炭等；油品包括原油、汽油、柴油、煤油、燃料油等；气包括天然气、液化石油气、炼厂干气等。

第二大类，污染物减排碳减排账户。废弃物排放划分为废水、废气、固废和生活垃圾 3 个子账户。

第三大类，土壤修复固碳账户。受污染土壤恢复正常功能的面积。

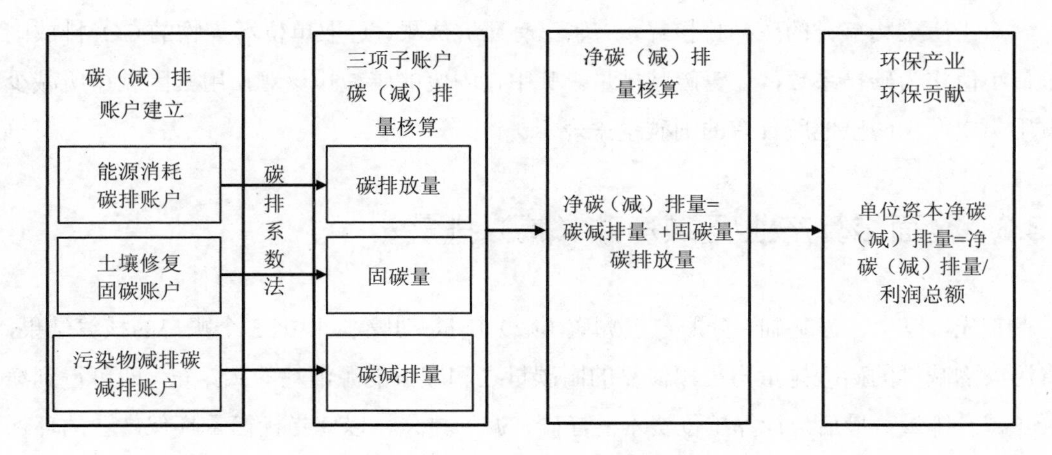

图 13-1　碳（减）排核算的基本框架

表 13-1　碳（减）排核算账户划分

账户	子账户	亚子账户
能源消耗	电能	用电量
	煤	原煤、焦炭
	油品	原油、汽油、柴油、煤油、燃料油
	气	天然气、液化石油气、炼厂干气
污染物减排	大气减排	SO_2 减排量
		NO_x 减排量
		粉尘减排量
	水减排	COD 减排量
		BOD_5 减排量
	固废减排	一般工业固体废物综合利用量
		危险废物综合利用量
		生活垃圾堆肥量
土壤修复	土壤修复	土壤修复面积

13.2　找到不同账户的碳（减）排量测算方法

对于能源消耗账户碳排量的核算，采取传统的碳排系数方法。将能源消费乘以单位能源消耗所对应的 CO_2 排放系数，即得到碳排量。

对于土壤修复账户固碳量的核算，用因土壤修复释放一定面积的具有正常功能的土地所具有的固碳量来表示。

对于污染物减排的碳减排核算，借鉴已有研究成果，选取单位污染物的 CO_2 排放因子最小值作为碳排系数，计算碳减排量。其中，固废的碳减排核算，用其因减排所减少占用一定面积的土地所具有的固碳量来表示。

13.3 全面核算产业/区域净碳（减）排量

首先，以上述为基础，分账户核算碳（减）排量；其次，根据 3 个账户的核算结果，将污染物减排的碳减排量与土壤修复的固碳量之和减去能源消耗的碳排量，即可得到净碳（减）排量；最后，计算单位资本的净碳（减）排量，以此指标衡量环保产业的环保贡献。

第 14 章

分账户碳（减）排量的核算方法

14.1 能源消耗账户碳排量的核算

应用传统的碳排系数法，计算能源消耗碳排放量。将能源账户中不同类型、不同等级的原始数据，分别乘以各自的单位能源消耗所对应的 CO_2 排放系数，计算能源消耗碳排量。依据《综合能耗计算通则》（GB/T 2589—2008）和《省级温室气体清单编制指南》（发改办气候〔2011〕1041 号），整理出单位能源 CO_2 折算系数（表 14-1）。

表 14-1 单位能源消耗 CO_2 排放折算系数

能源子账户	能源亚子账户	单位	折算系数
煤炭	原煤	t/t	1.900 3
	焦炭	t/t	2.860 4
油品	原油	t/t	3.020 2
	汽油	t/t	2.925 1
	煤油	t/t	3.017 9
	柴油	t/t	3.095 1
	燃料油	t/t	3.170 5
气	天然气	t/万 m^3	2.162 2
	液化石油气	t/t	3.101 3
	炼厂干气	t/t	3.011 9

值得注意的是，不同地区的发电效率不同，致使同样发电量造成的碳排量不同。因此，本研究采用我国发改委公布的各地区 2012 年电网单位供电 CO_2 排放系数（表 14-2），对电力消耗碳排放量进行计算。

表 14-2　我国各地区 2012 年电网单位供电平均 CO_2 排放系数　　单位：kg/（kW·h）

电网名称	覆盖省、自治区、直辖市和部分地区	排放系数
华北区域	北京市、天津市、河北省、山西省、山东省、内蒙古西部地区	1.002 1
东北区域	辽宁省、吉林省、黑龙江省、内蒙古东部地区	1.093 5
华东区域	上海市、江苏省、浙江省、安徽省、福建省	0.824 4
华中区域	河南省、湖北省、湖南省、江西省、四川省、重庆市	0.994 4
西北区域	陕西省、甘肃省、青海省、宁夏回族自治区、新疆维吾尔自治区	0.991 3
南方区域	广东省、广西壮族自治区、云南省、贵州省	0.934 4

计算公式如下：

$$CO_{2e}=\sum_{k=1}^{p}CO_{2ek}=\sum_{k=1}^{p}V_k\times\lambda_k \tag{14.1}$$

式中：CO_{2e} —— 能源消耗的碳排量，t；

p —— 能源消耗种类；

CO_{2ek} —— 第 k 类能源的碳排量；

V_k —— 第 k 类能源消耗的原始数值；

λ_k —— 第 k 类能源消耗的碳排放系数。

14.2　土壤修复账户固碳量的核算

对于土壤修复账户固碳量的核算，用因土壤修复释放一定面积的具有正常功能的土地所具有的固碳量来表示。计算公式如下：

$$CO_{2s}=W\times\lambda \tag{14.2}$$

式中：CO_{2s} —— 土壤修复的固碳量，t；

W —— 土壤修复面积，hm^2；

λ —— 土地的固碳系数，借鉴已有研究成果（表 14-3），选取不同土地利用类型固碳系数（以 CO_2 计）最小值 0.021 t/hm^2。

表 14-3　不同土地利用类型的碳排放系数

类型	碳排放系数/（t/hm^2）	数据来源
林地	−57.70	苏雅丽，张艳芳. 陕西省土地利用变化的碳排放效益研究[J]. 水土保持学报，2011，25（1）：152-156.
草地	−0.021	WBGU. The accounting of biological sinks and sources under the Kyoto Protocol：A step forwards or backwards for global environmental protection[R]. German Advisory Council on Global Change，Bremerhaven，1998.
湿地	−0.29	……
……	……	

14.3　水体和大气污染物减排账户碳减排量的核算

对于水体和大气的污染物减排的碳减排核算，参考已有研究成果，计算不同污染治理工艺的碳减排量，从中选取碳减排最小值作为本研究的核算结果。

14.3.1　水体

从表 14-4 遴选出单位 BOD 和 COD 的 CH_4 和 CO_2 最小排放因子，参考已有研究成果，最小值为 0.25 kg CH_4/kg COD 和 0.6 kg CH_4/kg BOD。

表 14-4　不同污水处理工艺 CH_4 和 CO_2 排放因子已有研究成果

文献出处	项目	计算公式	排放因子
宋宝木，秦华鹏，马共强. 污水处理厂运行阶段碳排放动态变化分析：以深圳某污水处理厂为例[J]. 环境科学与技术，2015，10：204-209	污水处理厂中 CH_4 排放计算公式	$M_{CH_4}=Q（BOD_0-BOD_e）EF_{CH_4}\times10^{-3}$	0.075 2～0.096 9 kg CH_4/kgBOD①
	污水处理厂中 CO_2 排放量计算公式（使用能源）	$M_{CO_2\cdot W}=W\cdot EF_{CO_2\cdot W}$	0.948 9 kg CO_2/（kW·h）②
张成. 重庆市城镇污水处理系统碳排放研究[D].重庆大学，2011	生活污水处理 CH_4 直接排放	$CH_4=（TOW\times EF）-R$	EF=B_0×MCF，B_0 为最大 CH_4 产生能力，默认值为 0.6 kg CH_4/kg BOD 或 0.25 kg CH_4/kg COD；MCF 为 $CH_4$③修正因子
	工业废水处理 CH_4 直接排放	$CH_4=\Sigma[（TOW_i-S_i）EF-R_i]$	EF_j = B_0×MCF_j，B_0=0.25 kg CH_4/kg COD；MCF 为 $CH_4$④修正因子
	生活污水处理 CO_2 间接排放	$CO_2=W\times Se\times EF$	电：0.997 kg CO_2/（kW·h）

文献出处	项目	计算公式	排放因子
张成. 重庆市城镇污水处理系统碳排放研究[D].重庆大学，2011	工业废水处理 CO_2 间接排放	$CO_2=\Sigma$（$W_i{\cdot}Se_i{\cdot}EF_i$）	电：0.997 kg CO_2/（kW·h）
	污水处理 CO_2 直接排放	$CO_2=$（$TOC_i{\cdot}EF_i$）	0.273 kg CO_2/kg TOC
王雪松，宋蕾，白润英. 呼和浩特地区污水厂能耗评价与碳排放分析[J]. 环境科学与技术，2013，02：196-199	直接排放[5]（污水厂处理过程中产生的 CH_4 计算公式）	$CH_{4Emissions}=\Sigma_i$（$TOW_i \times EF_i$）$-R$	$EF_j = B_0 \times MCF_j$，$B_0=0.25$ kg CH_4/kg COD；MCF 为 CH_4 修正因子取 0.8
	简介排放（电耗和药耗）		电：1.006 9 t CO_2/（MW·h） 药：25 kgCO_2/kg（聚丙烯酰胺）
方晓波，王镇鑫，黄建洪等，城市生活排水系统废气产排量测算模拟研究——以餐饮污水为例，华南师范大学学报：自然科学版，2014（2）：86-91	城市餐饮污水水质的变化规律，CH_4、CO_2、H_2S 的产排量随着污水停留时间的延长呈上升趋势	产气系数分别为：3.71～17.9 g CH_4/kg COD_{Cr} 去除量、24.5～40.4 g CO_2/kg COD_{Cr} 去除量、1.50～7.10 g H_2S/kg 硫酸根去除量	
王洪臣. 城镇污水处理领域的碳减排[J]. 给水排水，2010，12：1-3+52	甲烷排放系数		$EF_j = B_0 \times MCF_j$，$B_0=0.6$，MCF_j 为不同的厌氧环境甲烷排放的修正因子[6]

注：① 平均值为 0.086 kg CH_4/kg BOD。

② 根据 2009—2011 年《中国区域电网基准线排放因子》南方区域电网。

③ 见附录 1。

④ 见附录 2。

⑤ 文章认为，污水厂的直排排放，主要计算 CH_4 的排放量。

⑥ 当污水直接排放时，MCF 为 0.1；当污水经过化粪池且 BOD_5 的一半被去除时，MCF 为 0.5；当好氧处理系统管理不良时，MCF 为 0.3；不超过 2 m 深的污水或污泥厌氧塘，MCF 为 0.2；没有甲烷回收的污泥厌氧消化、污水厌氧处理以及超过 2 m 深的污水或污泥厌氧塘，MCF 为 0.8；当污泥进行深层填埋时 MCF 为 1.0。

CH_4 折合二氧化碳当量公式为：

$$折\ CO_2\ 当量=CH_4\ 排放量 \times 25 \tag{14.3}$$

最终选取污水处理厂 COD 和 BOD 的 CO_2 排放系数最小值为 6.25 kg CH_4/kg COD 和 15 kg CH_4/kg BOD。

14.3.2 大气

对于大气污染物减排账户的碳减排量核算，分 SO_2 和其余废气污染物两种情况进行核算：

（1）对于 SO_2 的碳排量核算，参考已有成果[①]，并根据方程式：

$$SO_2 + CaCO_3 + 12\ O_2 + 2H_2O \longrightarrow CaSO_4 \cdot 2H_2O \uparrow\ + CO_2 \qquad (14.4)$$

每脱除 1 mol SO_2，排放出 1 mol 的 CO_2，所以化学反应中每脱除 1 t SO_2 要排放 0.687 5 t CO_2。

（2）对于其余废气污染物的碳减排量核算，根据废气量，参考已有成果（表 14-5），选取单位废气碳减排量最小值为 5.72 kg/t 废气。

表 14-5　不同废气循环碳减排效果已有研究成果

循环工艺	碳减排量/（kg/t）
区域性废气循环	9.15
EOS	34.32
LEEP	20.02
EPOSINT	5.72～14.30

资料来源：都基坡，田刚等. 工业废气再利用的碳减排潜力分析. 环境工程技术学报，2015，5（3）：227-232。

对于固体废物减排账户的碳减排核算单独列出。

14.3.3　固废减排账户的碳减排核算

生活垃圾、一般工业固体废物和危险废物减排的碳减排核算，用其因减排所减少占用土地所具有的固碳量来表示。即将废弃物利用量首先乘以单位固废的土地占用系数折合成占用的土地面积，再乘以土地的碳排系数。

计算公式如下：

$$CO_{2g} = G \times \alpha \times \lambda \qquad (14.5)$$

式中：CO_{2g} —— 固体废物减排所减少占用土地的碳减排量，t；

G —— 固体废物的减排量，kg；

α —— 单位质量的固体废物的土地占用面积系数，$3.15 \times 10^{-8}\ hm^2/kg$；

λ —— 土地的固碳系数，选取不同土地利用类型固碳系数最小值 0.021 t CO_2/hm^2（表 14-5）。

① 周兴，郑之民，刘慧敏，崔彩艳，王春波. 利用石灰石循环煅烧/碳酸化顺序脱碳脱硫的新方法. 华北电力大学学报（自然科学版），2014，41（1）：101-105；

段建中，杨静. 湿法脱硫与碳排放. 热力发电，2011，40（8）：83-84.

第 15 章
案例核算

选择已有数据，进行典型环保企业的环保贡献核算。将环保产业碳减排核算的方法应用于已有样本数据，典型计算结果如表 15-1、表 15-2、表 15-3 所示。

表 15-1　某环保股份有限公司相关数据统计表

统计年度	城镇污水处理设施运营化学需氧量去除量/t	土壤修复工程建设土壤修复面积/km^2	用电量/（万 kW·h）	利润总额/万元
2014	23 652	5	85.23	61
2015	23 652	10	73.74	61
统计年度	碳减排量/t	固碳量/t	碳排放量/t	单位资本净碳减排量/（t/万元）
2014	5 913	105	847.53	84.76
2015	5 913	210	733.27	88.36

表 15-2　某钢铁集团环保公司相关数据统计表

统计年度	城镇污水处理设施运营主要污染物去除量：化学需氧量/t	土壤修复工程建设修复面积/km^2	用电量/（万 kW·h）	利润总额/万元
2014	43.8	0	930	4.6
2015	43.8	0.17	930	39.6
统计年度	碳减排量/t	固碳量/t	碳排放量/t	单位资本净碳减排量/（t/万元）
2014	10.95	0	9 247.92	−2 008.04
2015	10.95	3.57	9 247.92	−233.17

表 15-3　北京某环境技术股份有限公司相关数据统计表

统计年度	脱硫设施运营二氧化硫去除量/t	脱硝设施运营氮氧化物去除量/t	用电量/（万 kW·h）	利润总额/万元
2014	544 900.4	30 168.76	34 287.53	24 750.28
2015	522 168.1	26 038.96	31 320.22	23 022.57
统计年度	碳减排量/t	碳减排量/t	碳排放量/t	单位资本净碳减排量/（t/万元）
2014	374 619	172.565 3	340 955.2	1.37
2015	358 990.5	148.942 9	311 448.3	2.07

附录 1

中国环保产业发展指数调查问卷

1. 中国环保产业发展指数第一次调查问卷

尊敬的专家：

您好！

中国环境保护产业协会和天津工业大学环境经济研究所正在进行中国环境保护产业发展指数（China Environmental Protection Industry Development Index，CEPI-DI）的编制工作。此问卷旨在确定 CEPI-DI 指标体系中各指标项权重系数，请您根据专业知识和经验，比较各指标之间的重要程度。

调查问卷采用 9 级量表，用来比较量表两边指标的相对重要程度。例如，如果您认为左边的指标“甲”相对于右边的指标“乙”非常重要，则可以如附图 1-1 所示进行选择。

左边极其重要	左边非常重要	左边比较重要	左边稍微重要	两边同等重要	右边稍微重要	右边比较重要	右边非常重要	右边极其重要
甲								乙
○	○	○	○	○	○	○	○	○

附图 1-1 两指标重要程度选项图

本次调查采用德尔菲法，共进行三轮次，每次调查会把上一轮次的结果汇总显示，便于您决策。

中国环境保护产业发展指数的各指标权重将以调查问卷的结果为主要依据，所以您的贡献非常重要。感谢您的支持！

（1）为了确保调查的科学性和严谨性，需要区分专家。

如果您愿意署名，可以选择真实姓名；如果您不愿署名，请填写“性别+出生日期+手机号码最后一位”的身份标识信息，身份标识信息仅能区分答卷专家，无法得知答卷者，您可以放心如实填写。

您选择填写真实姓名还是身份标识信息？[单选题][必答题]

○真实姓名　　　　○身份标识信息

（2）您的姓名[填空题]

____

（3）您的性别[单选题][必答题]

○男　　　　　○女

（4）您的出生日期[单选题][必答题]

○1

○2

○3

○4

○5

○6

○7

○8

○9

○10

○11

○12

○13

○14

○15

○16

○17

○18

○19

○20

○21

○22

○23

○24

○25

○26

○27

○28

○29

○30

○31

（5）您常用手机号最后一位数字是[单选题][必答题]

○1

○2

○3

○4

○5

○6

○7

○8

○9

○0

调查问卷主体

调查轮次：第一轮

本次为首轮调查，没有意见汇总

（6）一级指标（产出部分）。CEPI-DI 的一级指标（产出部分）分为三项，如附表 1-1 所示，指标解释：X（产业环保贡献）：是指环保产业通过其生产与服务活动为环境带来的贡献，主要体现在污染去除和废弃物资源化。Y（产业增加值）：是指环保产业中各企业在报告期内以货币形式表现的生产和服务活动的最终成果。Z（产业国际竞争力）：是指在公开和开放的国际经济环境中，我国环保企业向国际市场提供符合需要的货物或服务产品，并取得经济效益的产业整体实力。请您两两比较这 3 个一级指标的相对重要程度。[矩阵量表题] [必答题]

附表 1-1　一级指标（产出部分）下 3 个一级指标相对程度选项表

	左边极其重要	左边非常重要	左边比较重要	左边稍微重要	两边同等重要	右边稍微重要	右边比较重要	右边非常重要	右边极其重要
X∶Y	○	○	○	○	○	○	○	○	○
X∶Z	○	○	○	○	○	○	○	○	○
Y∶Z	○	○	○	○	○	○	○	○	○

（7）一级指标（投入部分）。CEPI-DI 的一级指标（投入部分）分为四项，如附表 1-2 所示，指标解释：A（产业发展基础）：环保产业目前的状态。B（产业发展环境）：对环保产业发展产生直接或间接影响的各种外部因素所组成的综合条件。C（产业发展能力）：环保产业自身发展，扩大规模、提升质量的潜在能力。D（产业国际竞争力）：是指在公开和开放的国际经济环境中，我国环保企业向国际市场提供符合需要的货物或服务产品，并取得经济效益的产业整体实力。请您两两比较这 4 个一级指标的相对重要程度。[矩阵量表题] [必答题]

附表 1-2　一级指标（投入部分）下 4 个一级指标相对程度选项表

	左边极其重要	左边非常重要	左边比较重要	左边稍微重要	两边同等重要	右边稍微重要	右边比较重要	右边非常重要	右边极其重要
A∶B	○	○	○	○	○	○	○	○	○
A∶C	○	○	○	○	○	○	○	○	○
A∶D	○	○	○	○	○	○	○	○	○
B∶C	○	○	○	○	○	○	○	○	○
B∶D	○	○	○	○	○	○	○	○	○
C∶D	○	○	○	○	○	○	○	○	○

（8）一级指标“产业发展基础”。一级指标“产业发展基础”分为两项二级指标，如附表 1-3 所示，具体解释为：A1（产业规模）：是指环保产业的经营规模，反映数量。A2（产业结构）：是指环保产业的内部构成，反映质量。请您比较这两个二级指标的相对重要程度。[矩阵量表题] [必答题]

附表 1-3　产业发展基础下两个二级指标相对程度选项表

	左边极其重要	左边非常重要	左边比较重要	左边稍微重要	两边同等重要	右边稍微重要	右边比较重要	右边非常重要	右边极其重要
A1∶A2	○	○	○	○	○	○	○	○	○

（9）一级指标“产业发展环境”。一级指标“产业发展环境”分为两项二级指标，如附表 1-4 所示，具体解释为：B1（经济因素）：影响环保产业发展的宏观经济因素，偏向间接影响。B2（市场因素）：影响环保产业发展的中观经济因素，偏向直接影响。请您比较这两个二级指标的相对重要程度。[矩阵量表题] [必答题]

附表 1-4　产业发展环境下两个二级指标相对程度选项表

	左边极其重要	左边非常重要	左边比较重要	左边稍微重要	两边同等重要	右边稍微重要	右边比较重要	右边非常重要	右边极其重要
B1：B2	○	○	○	○	○	○	○	○	○

（10）一级指标“产业发展能力”。一级指标“产业发展能力”分为四项二级指标，如附表 1-5 所示，具体解释为：C1（运营能力）：基于外部市场环境的约束，通过配置内部资源而实现财务目标能力。C2（融资能力）：获取外部资金的能力，体现了资本对于环保产业发展的认可程度。C3（技术创新能力）：通过配置资源投入 R&D 中以增强环保产业竞争力的能力。C4（投资能力）：筹集资金投入到第三方治理等环保项目以获取收益的能力。请您比较这 4 个二级指标的相对重要程度。[矩阵量表题] [必答题]

附表 1-5　产业发展能力下 4 个二级指标相对程度选项表

	左边极其重要	左边非常重要	左边比较重要	左边稍微重要	两边同等重要	右边稍微重要	右边比较重要	右边非常重要	右边极其重要
C1：C2	○	○	○	○	○	○	○	○	○
C1：C3	○	○	○	○	○	○	○	○	○
C1：C4	○	○	○	○	○	○	○	○	○
C2：C3	○	○	○	○	○	○	○	○	○
C2：C4	○	○	○	○	○	○	○	○	○
C3：C4	○	○	○	○	○	○	○	○	○

2．中国环保产业发展指数第二次调查问卷

中国环境保护产业发展指数（CEPI-DI）调查问卷（第二轮）

调查问卷主体

调查轮次：第二轮

第一轮调查的结果统计以直方图形式放在每个问题前，图中柱高为该选项得票数，其中被选择最多的选项用黑色突出显示。图中各选项顺序与题目中各选项顺序一致。

请根据您的知识和经验，再次回答问题。感谢您的再一次支持！

（6）一级指标（产出部分）

CEPI-DI 的一级指标（产出部分）分为三项，如图所示

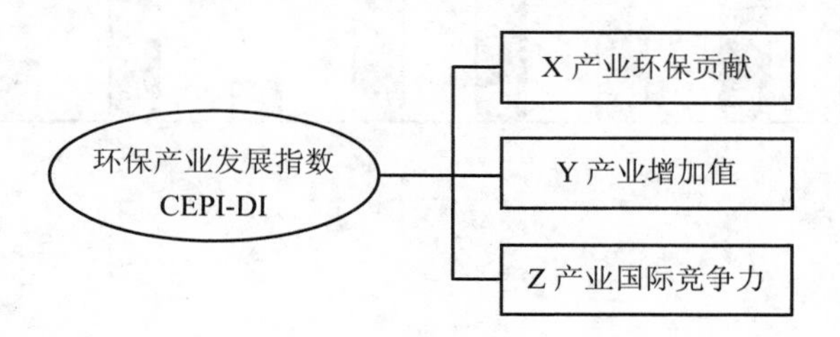

指标解释

X 产业环保贡献：是指环保产业通过其生产与服务活动为环境带来的贡献，主要体现在污染去除和废物资源化。

Y 产业增加值：是指环保产业中各企业在报告期内以货币形式表现的生产和服务活动的最终成果。

Z 产业国际竞争力：是指在公开和开放的国际经济环境中，我国环保企业向国际市场提供符合需要的货物或服务产品，并取得经济效益的产业整体实力。

这是上一轮问卷的结果统计，供您参考：______________________________

第 6 题（X：Y 产业环保贡献：产业增加值）

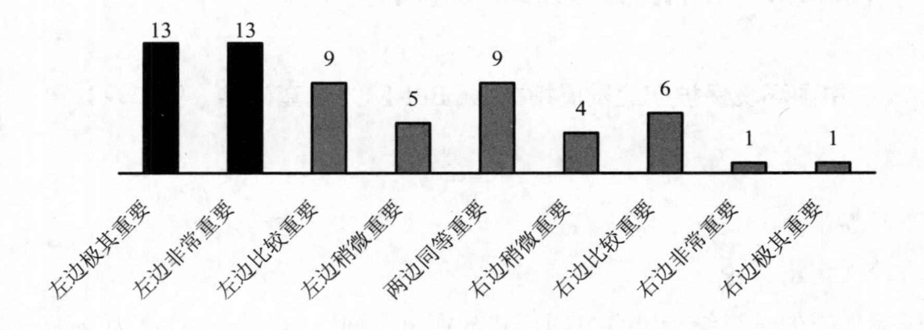

第 6 题（X：Z 产业环保贡献：产业国际竞争力）

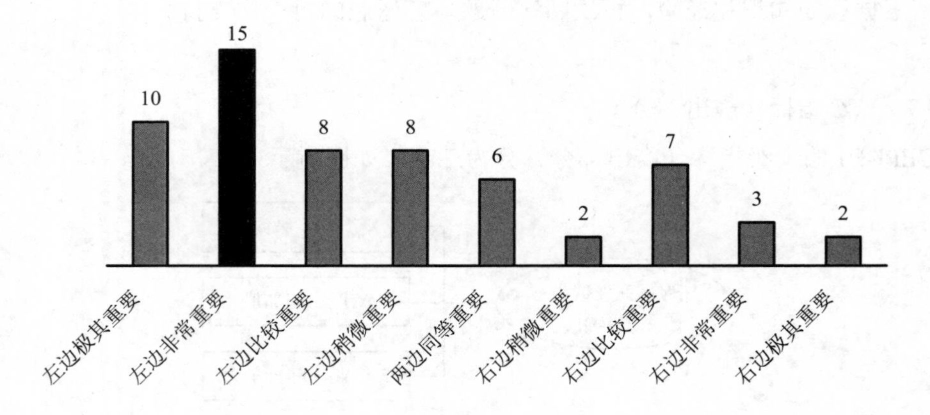

第 6 题（Y：Z 产业增加值：产业国际竞争力）

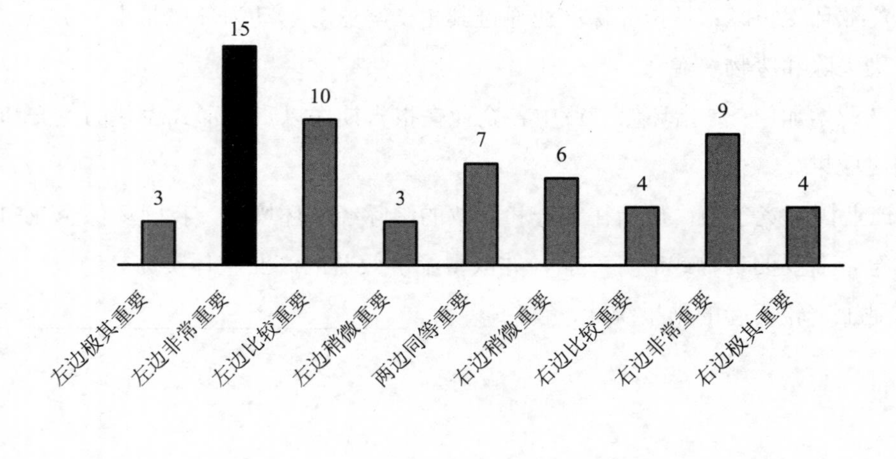

请您两两比较这3个一级指标的相对重要程度。

	左边极其重要	左边非常重要	左边比较重要	左边稍微重要	两边同等重要	右边稍微重要	右边比较重要	右边非常重要	右边极其重要	
X：Y产业环保贡献	○	○	○	○	○	○	○	○	○	产业增加值
X：Z产业环保贡献	○	○	○	○	○	○	○	○	○	产业国际竞争力
Y：Z产业增加值	○	○	○	○	○	○	○	○	○	产业国际竞争力

（7）一级指标（投入部分）

CEPI-DI的一级指标（投入部分）分为四项，如图所示

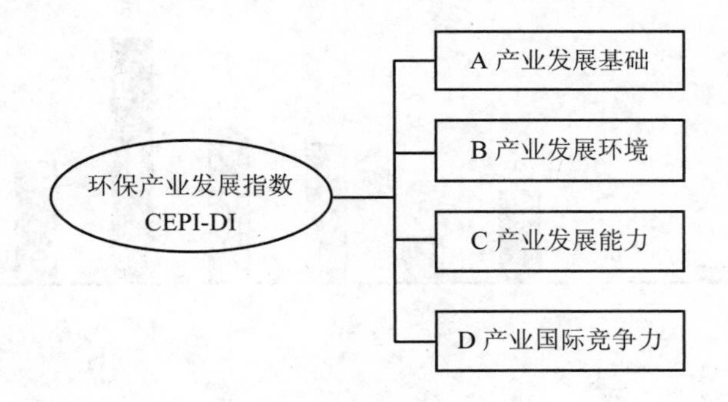

指标解释

A产业发展基础：环保产业目前的状态。

B产业发展环境：对环保产业发展产生直接或间接影响的各种外部因素所组成的综合条件。

C产业发展能力：环保产业自身发展，扩大规模、提升质量的潜在能力。

D产业国际竞争力：是指在公开和开放的国际经济环境中，我国环保企业向国际市场提供符合需要的货物或服务产品，并取得经济效益的产业整体实力。

这是上一轮问卷的结果统计，供您参考：________________________

第 7 题（A：B 产业发展基础：产业发展环境）

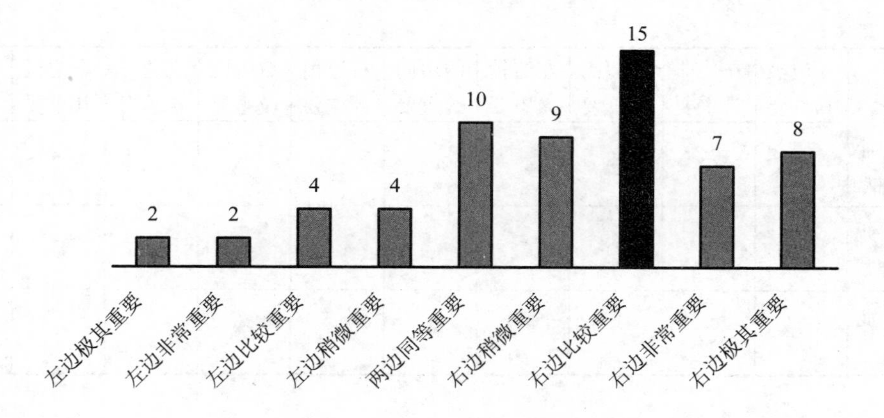

第 7 题（A：C 产业发展基础：产业发展能力）

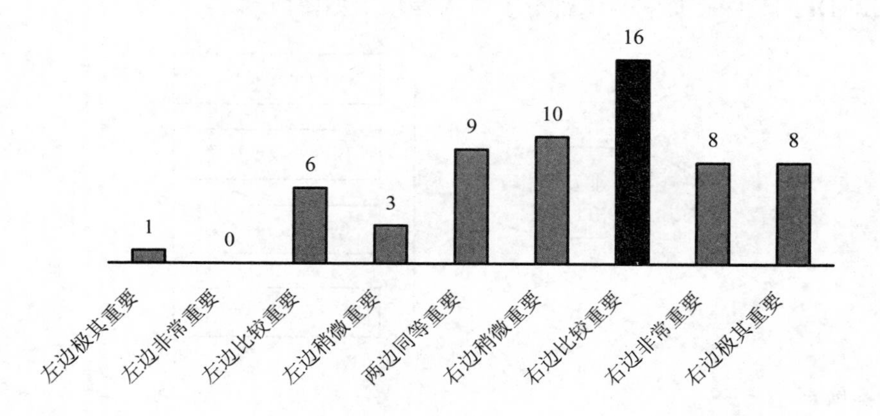

第 7 题（A：D 产业发展基础：产业国际竞争力）

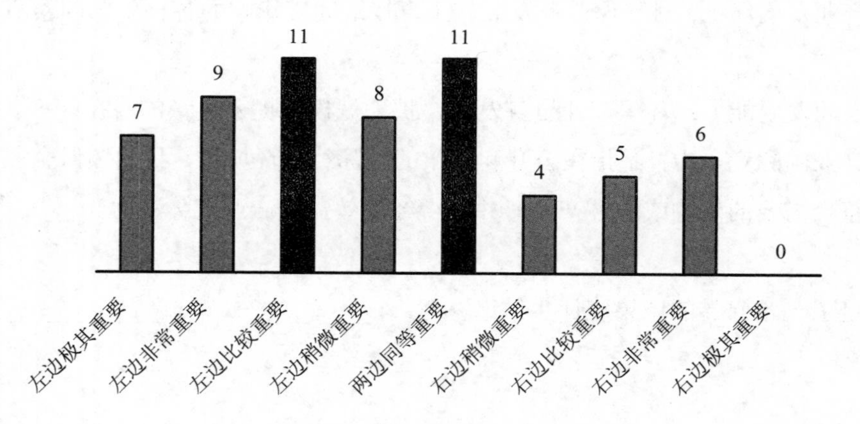

第 7 题（B：C 产业发展环境：产业发展能力）

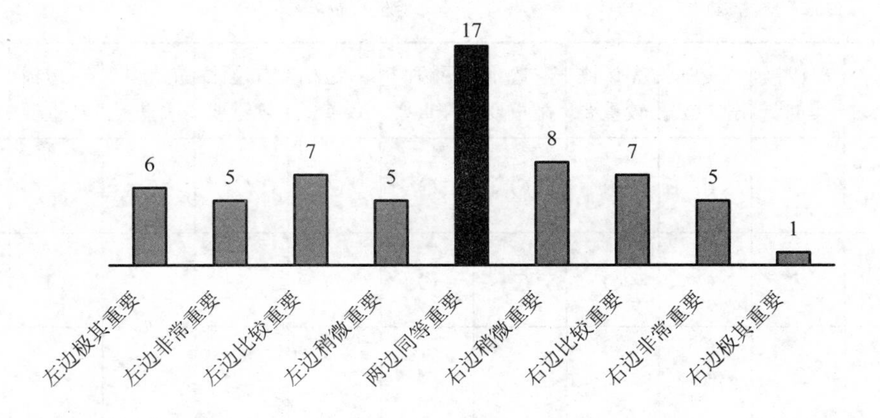

第 7 题（B：D 产业发展环境：产业国际竞争力）

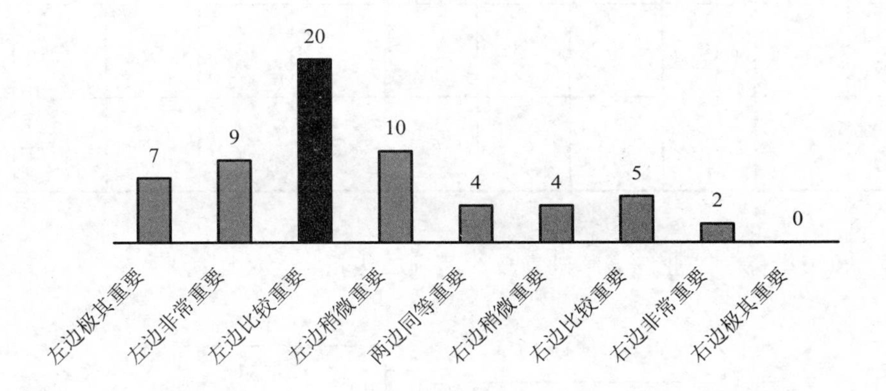

第 7 题（C：D 产业发展能力：产业国际竞争力）

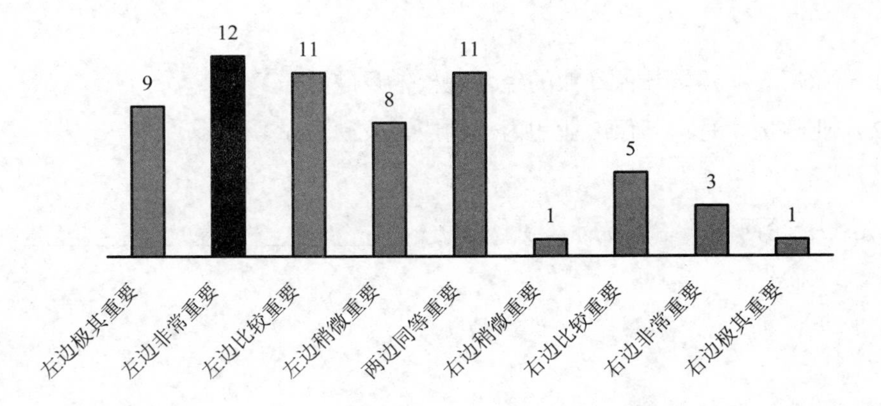

请您两两比较这 4 个一级指标的相对重要程度。

	左边极其重要	左边非常重要	左边比较重要	左边稍微重要	两边同等重要	右边稍微重要	右边比较重要	右边非常重要	右边极其重要	
A：B 产业发展基础	○	○	○	○	○	○	○	○	○	产业发展环境
A：C 产业发展基础	○	○	○	○	○	○	○	○	○	产业发展能力
A：D 产业发展基础	○	○	○	○	○	○	○	○	○	产业国际竞争力
B：C 产业发展环境	○	○	○	○	○	○	○	○	○	产业发展能力
B：D 产业发展环境	○	○	○	○	○	○	○	○	○	产业国际竞争力
C：D 产业发展能力	○	○	○	○	○	○	○	○	○	产业国际竞争力

（8）一级指标“产业发展基础”分为两项二级指标，如图所示

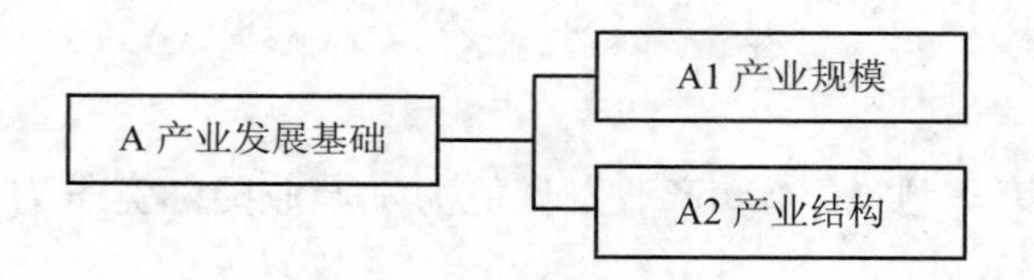

A1 产业规模：是指环保产业的经营规模，反映数量。

A2 产业结构：是指环保产业的内部构成，反映质量。

这是上一轮问卷的结果统计，供您参考：________________

第 8 题（A1：A2 产业规模：产业结构）

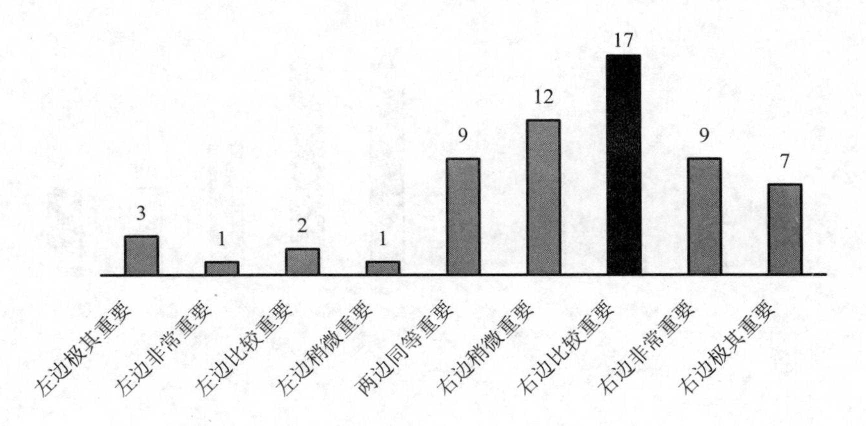

请您比较这两个二级指标的相对重要程度。

	左边极其重要	左边非常重要	左边比较重要	左边稍微重要	两边同等重要	右边稍微重要	右边比较重要	右边非常重要	右边极其重要	
A1：A2 产业规模	○	○	○	○	○	○	○	○	○	产业结构

（9）一级指标“产业发展环境”分为两项二级指标，如图所示

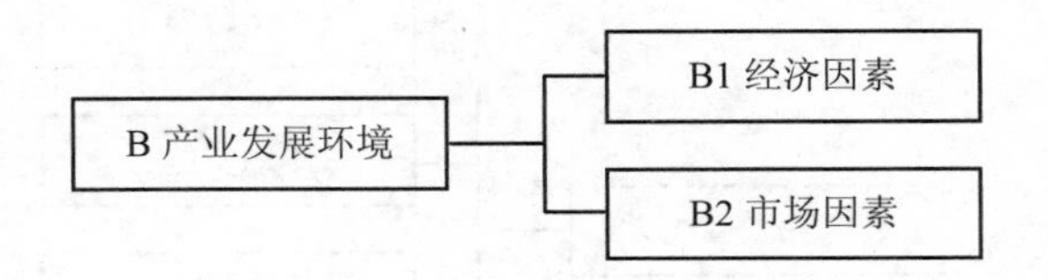

B1 经济因素：影响环保产业发展的宏观经济因素，偏向间接影响。
B2 市场因素：影响环保产业发展的中观经济因素，偏向直接影响。

这是上一轮问卷的结果统计，供您参考：

第 9 题（B1：B2 经济因素：市场因素）

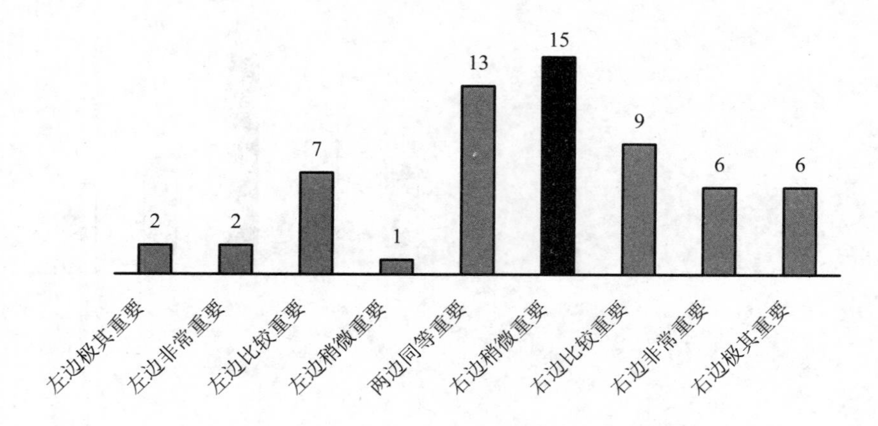

请您比较这两个二级指标的相对重要程度。

	左边极其重要	左边非常重要	左边比较重要	左边稍微重要	两边同等重要	右边稍微重要	右边比较重要	右边非常重要	右边极其重要	
B1：B2 经济因素	○	○	○	○	○	○	○	○	○	市场因素

（10）一级指标“产业发展能力”分为四项二级指标，如图所示

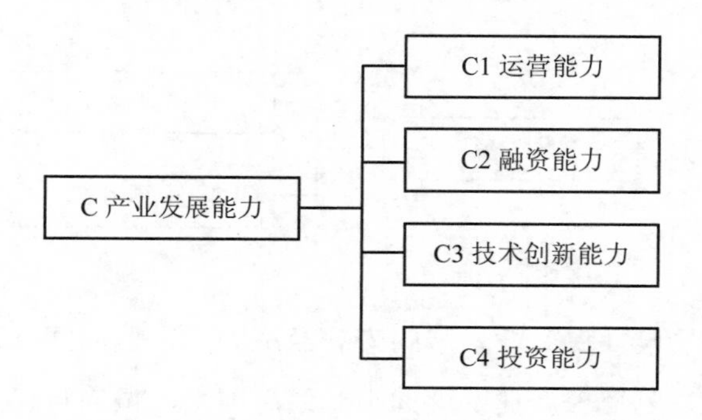

C1 运营能力：基于外部市场环境的约束，通过配置内部资源而实现财务目标能力。
C2 融资能力：获取外部资金的能力，体现了资本对于环保产业发展的认可程度。
C3 技术创新能力：通过配置资源投入 R&D 中以增强环保产业竞争力的能力。
C4 投资能力：筹集资金投入到第三方治理等环保项目以获取收益的能力。

这是上一轮问卷的结果统计，供您参考：________________

第10题（C1：C2运营能力：融资能力）

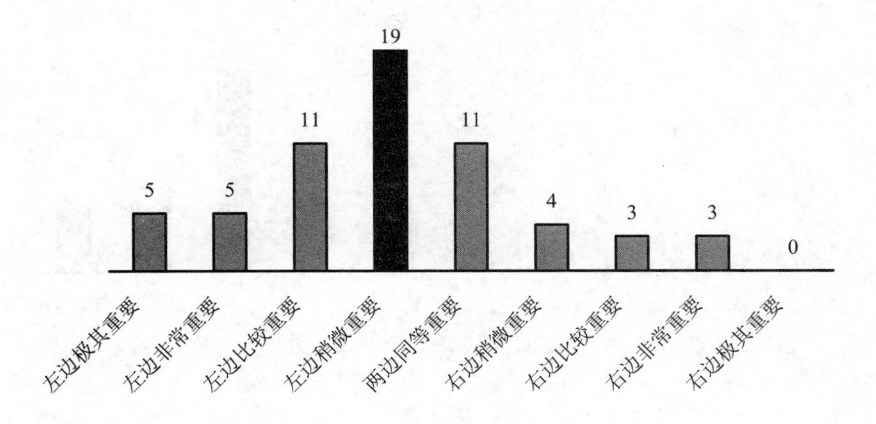

第10题（C1：C3运营能力：技术创新能力）

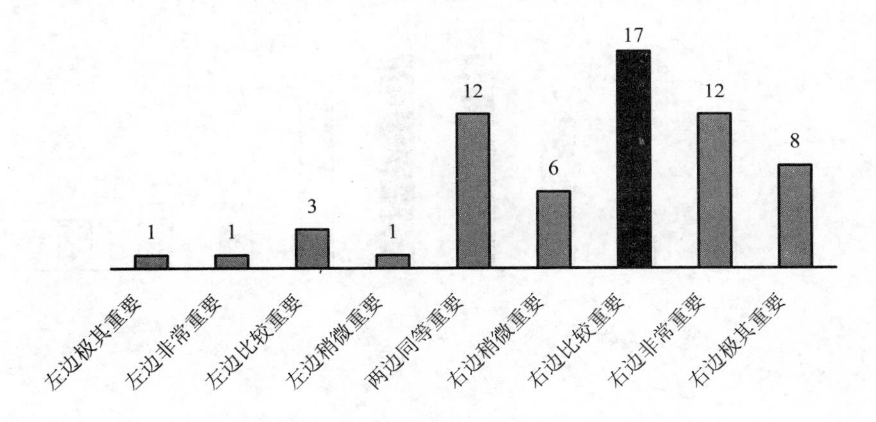

第10题（C1：C4运营能力：投资能力）

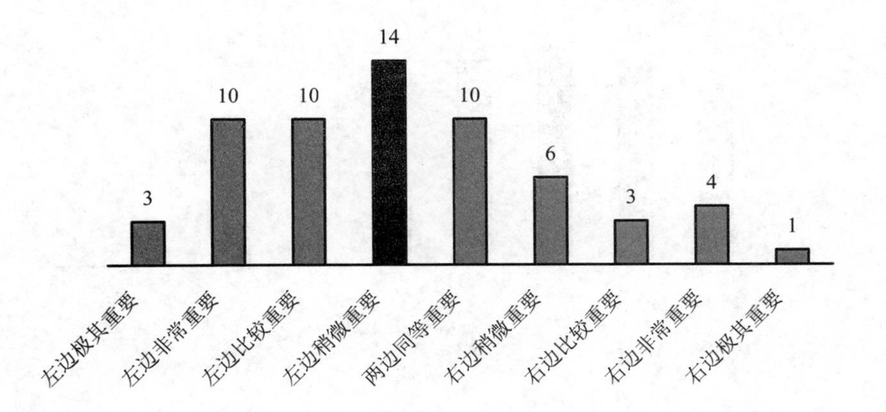

第 10 题（C2：C3 融资能力：技术创新能力）

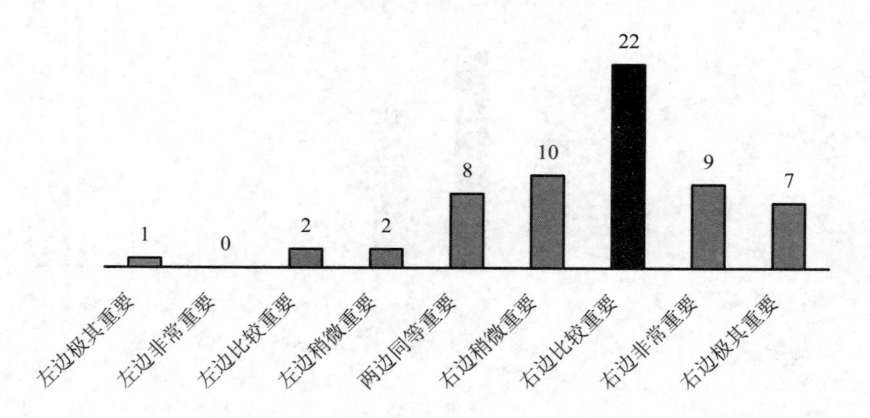

第 10 题（C2：C4 融资能力：投资能力）

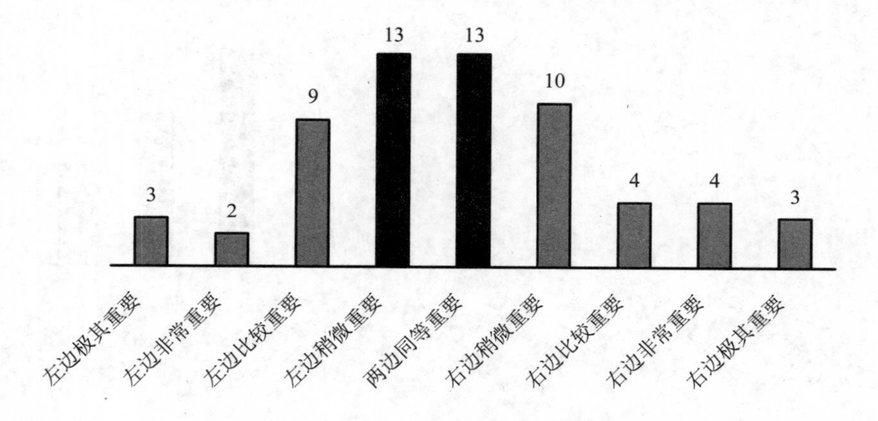

第 10 题（C3：C4 技术创新能力：投资能力）

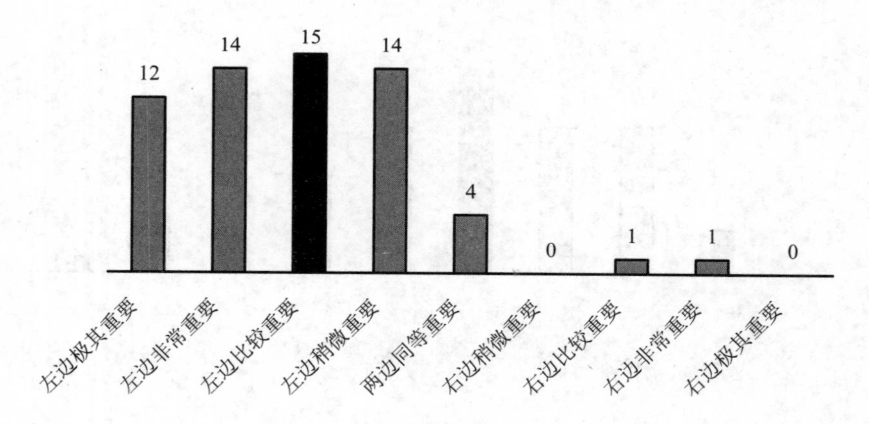

请您比较这四个二级指标的相对重要程度。*

	左边极其重要	左边非常重要	左边比较重要	左边稍微重要	两边同等重要	右边稍微重要	右边比较重要	右边非常重要	右边极其重要	
C1：C2 运营能力	○	○	○	○	○	○	○	○	○	融资能力
C1：C3 运营能力	○	○	○	○	○	○	○	○	○	技术创新能力
C1：C4 运营能力	○	○	○	○	○	○	○	○	○	投资能力
C2：C3 融资能力	○	○	○	○	○	○	○	○	○	技术创新能力
C2：C4 融资能力	○	○	○	○	○	○	○	○	○	投资能力
C3：C4 技术创新能力	○	○	○	○	○	○	○	○	○	投资能力

3．中国环保产业发展指数第三次调查问卷

环保产业发展指数调查（最终轮）

调查问卷主体

调查轮次：第三轮

第二轮调查的结果统计以直方图形式放在每个问题前，图中柱高为该选项得票数，其中被选择最多的选项用黑色突出显示。图中各选项顺序与题目中各选项顺序一致。

请根据您的知识和经验，再次回答问题。感谢您的再一次支持！

（6）一级指标（产出部分）

CEPI-DI 的一级指标（产出部分）分为三项：

X 产业环保贡献

Y 产业增加值

Z 产业国际竞争力

第二轮问卷的结果统计供您参考：＿＿＿＿＿＿＿＿＿＿＿＿＿＿＿＿

第 6 题（X：Y 产业环保贡献：产业增加值）

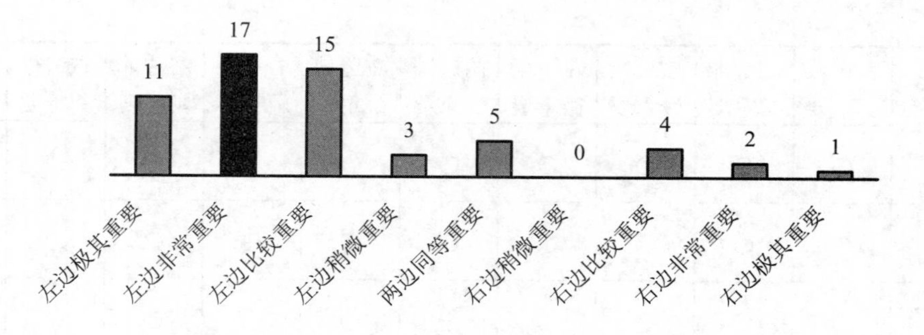

第 6 题（X：Z 产业环保贡献：产业国际竞争力）

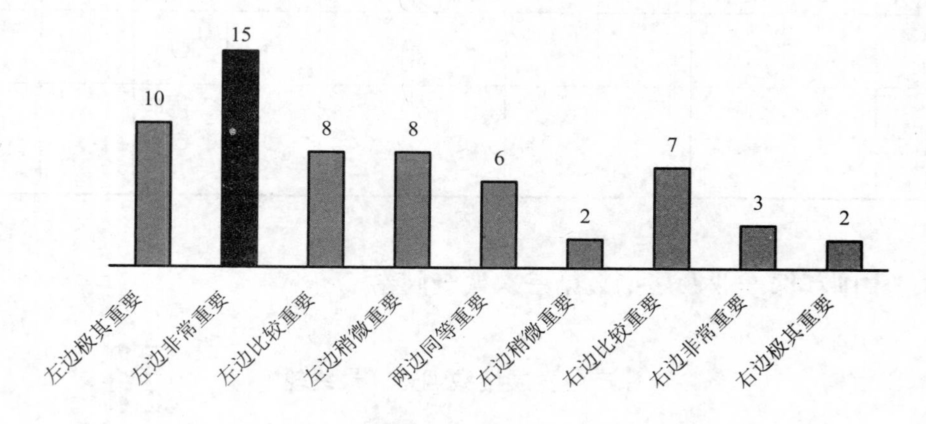

第 6 题（Y：Z 产业增加值：产业国际竞争力）

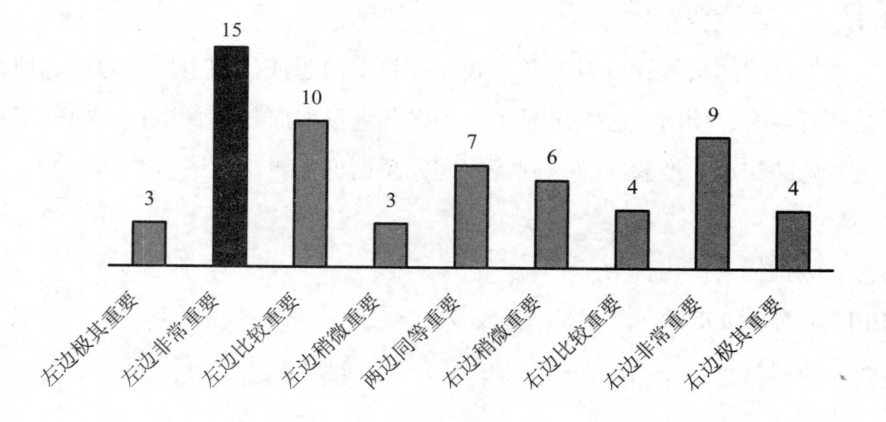

请您两两比较这 3 个一级指标的相对重要程度。*

	左边极其重要	左边非常重要	左边比较重要	左边稍微重要	两边同等重要	右边稍微重要	右边比较重要	右边非常重要	右边极其重要	
X：Y 产业环保贡献	○	○	○	○	○	○	○	○	○	产业增加值
X：Z 产业环保贡献	○	○	○	○	○	○	○	○	○	产业国际竞争力
Y：Z 产业增加值	○	○	○	○	○	○	○	○	○	产业国际竞争力

（7）一级指标（投入部分）

CEPI-DI 的一级指标（投入部分）分为 4 项：

A 产业发展基础

B 产业发展环境

C 产业发展能力

D 产业国际竞争力

第二轮问卷的结果统计，供您参考：____________________

第 7 题（A：B 产业发展基础：产业发展环境）

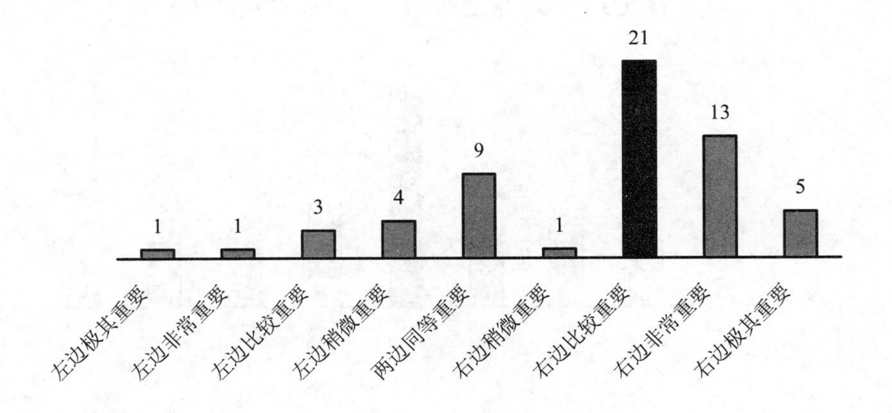

第 7 题（A：C 产业发展基础：产业发展能力）

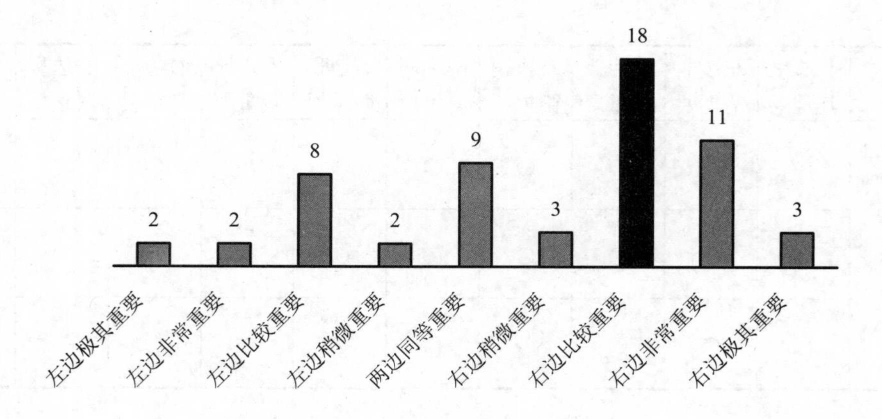

第 7 题（A：D 产业发展基础：产业国际竞争力）

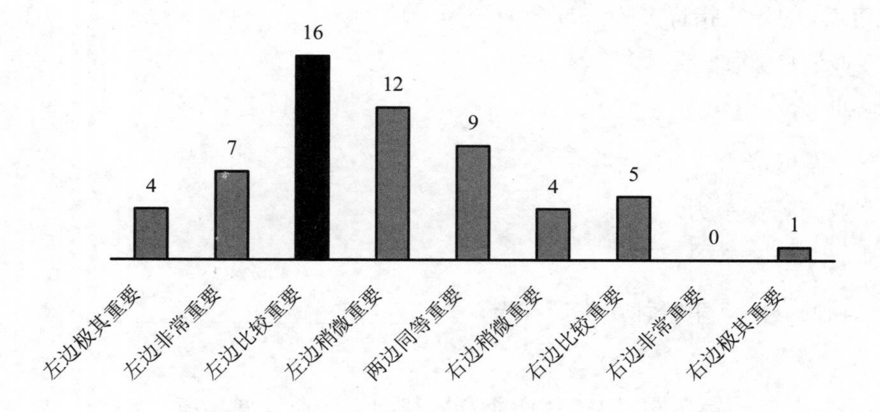

第 7 题（B：C 产业发展环境：产业发展能力）

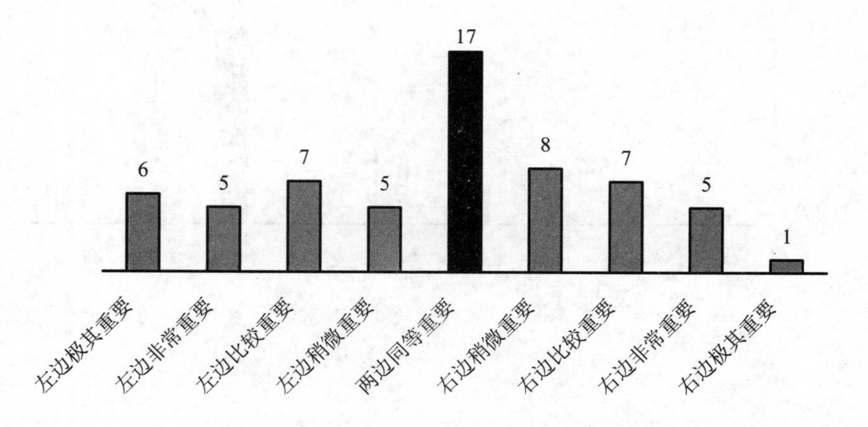

第 7 题（B：D 产业发展环境：产业国际竞争力）

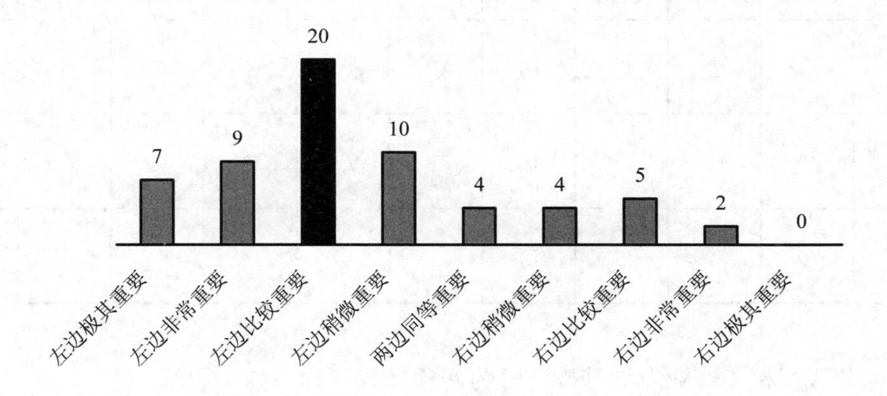

第 7 题（C：D 产业发展能力：产业国际竞争力）

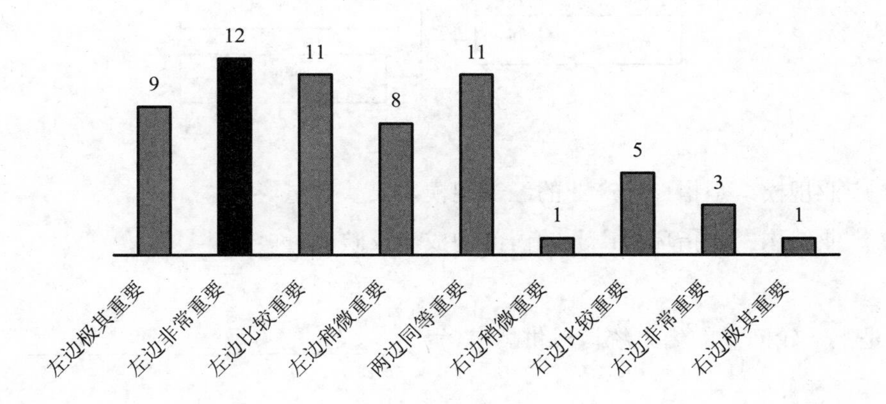

请您两两比较这 4 个一级指标的相对重要程度。

	左边极其重要	左边非常重要	左边比较重要	左边稍微重要	两边同等重要	右边稍微重要	右边比较重要	右边非常重要	右边极其重要	
A：B 产业发展基础	○	○	○	○	○	○	○	○	○	产业发展环境
A：C 产业发展基础	○	○	○	○	○	○	○	○	○	产业发展能力
A：D 产业发展基础	○	○	○	○	○	○	○	○	○	产业国际竞争力

	左边极其重要	左边非常重要	左边比较重要	左边稍微重要	两边同等重要	右边稍微重要	右边比较重要	右边非常重要	右边极其重要	
B：C 产业发展环境	○	○	○	○	○	○	○	○	○	产业发展能力
B：D 产业发展环境	○	○	○	○	○	○	○	○	○	产业国际竞争力
C：D 产业发展能力	○	○	○	○	○	○	○	○	○	产业国际竞争力

（8）一级指标“产业发展基础”分为两项二级指标，如图所示

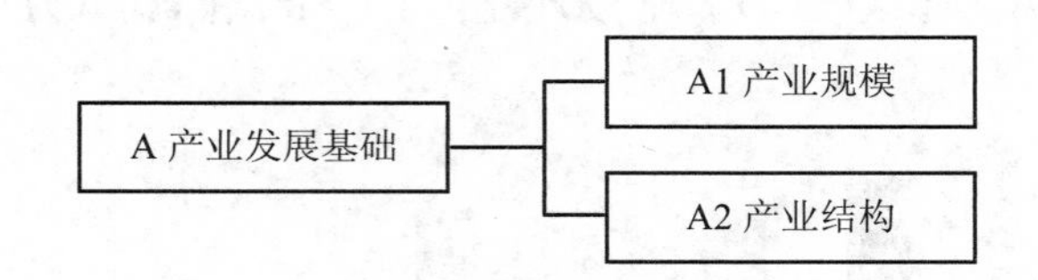

A1 产业规模：是指环保产业的经营规模，反映数量。

A2 产业结构：是指环保产业的内部构成，反映质量。

这是上一轮问卷的结果统计，供您参考：______________

第 8 题（A1：A2 产业规模：产业结构）

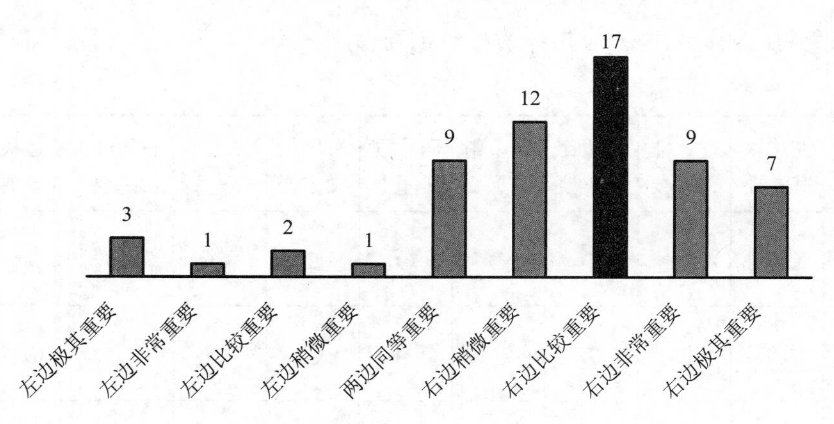

请您比较这两个二级指标的相对重要程度。*

	左边极其重要	左边非常重要	左边比较重要	左边稍微重要	两边同等重要	右边稍微重要	右边比较重要	右边非常重要	右边极其重要	
A1：A2 产业规模	○	○	○	○	○	○	○	○	○	产业结构

（9）一级指标“产业发展环境”分为两项二级指标：

B1 经济因素

B2 市场因素

第二轮问卷的结果统计，供您参考：____________________

第 9 题（B1：B2 经济因素：市场因素）

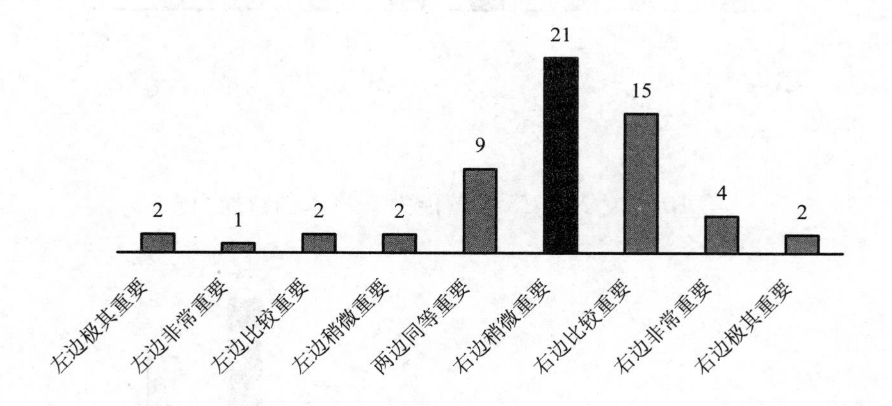

请您比较这两个二级指标的相对重要程度。

	左边极其重要	左边非常重要	左边比较重要	左边稍微重要	两边同等重要	右边稍微重要	右边比较重要	右边非常重要	右边极其重要	
B1：B2 经济因素	○	○	○	○	○	○	○	○	○	市场因素

（10）一级指标“产业发展能力”分为四项二级指标：

C1 运营能力

C2 融资能力

C3 技术创新能力

C4 投资能力

第二轮问卷的结果统计，供您参考：________________________

第 10 题（C1：C2 运营能力：融资能力）

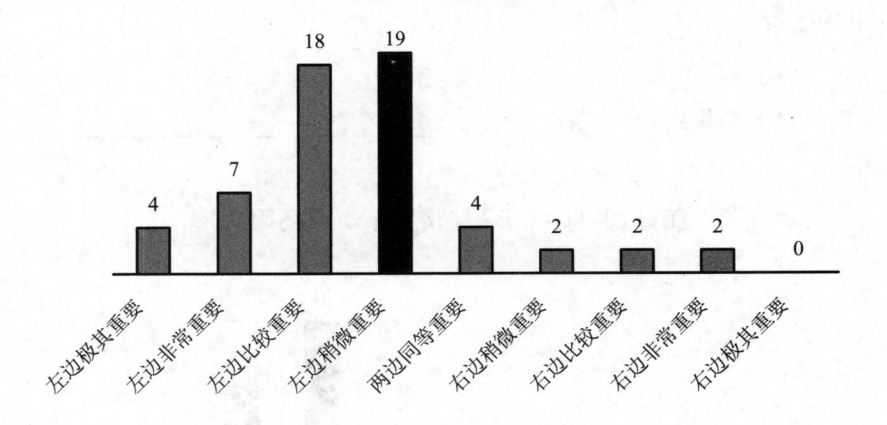

第 10 题（C1：C3 运营能力：技术创新能力）

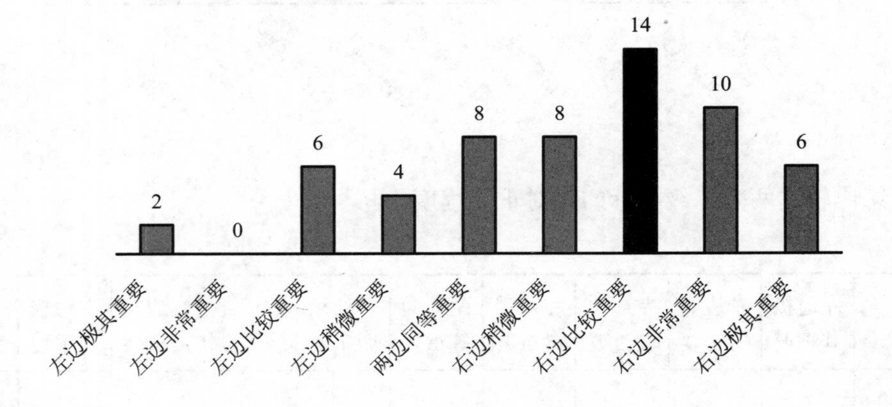

第 10 题（C1：C4 运营能力：投资能力）

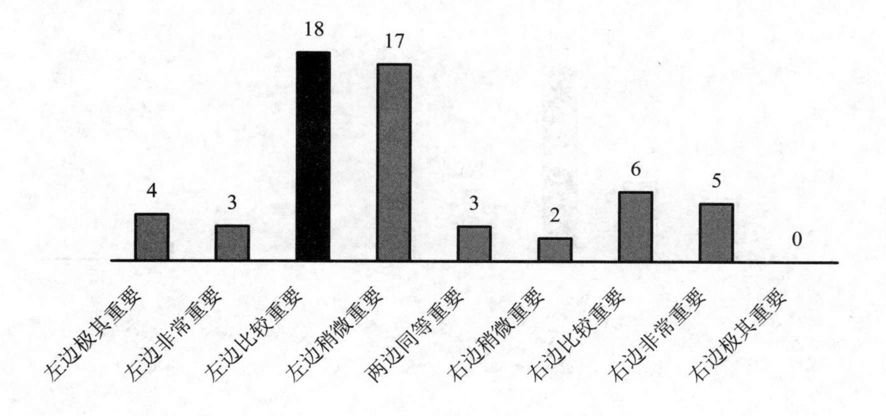

第 10 题（C2：C3 融资能力：技术创新能力）

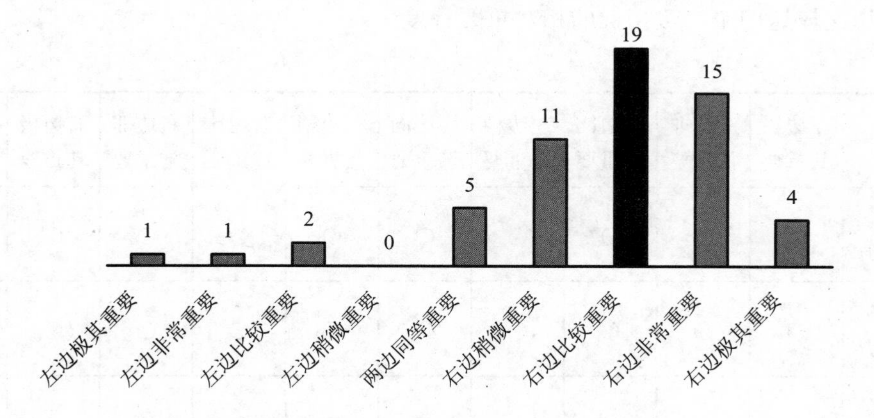

第 10 题（C2：C4 融资能力：投资能力）

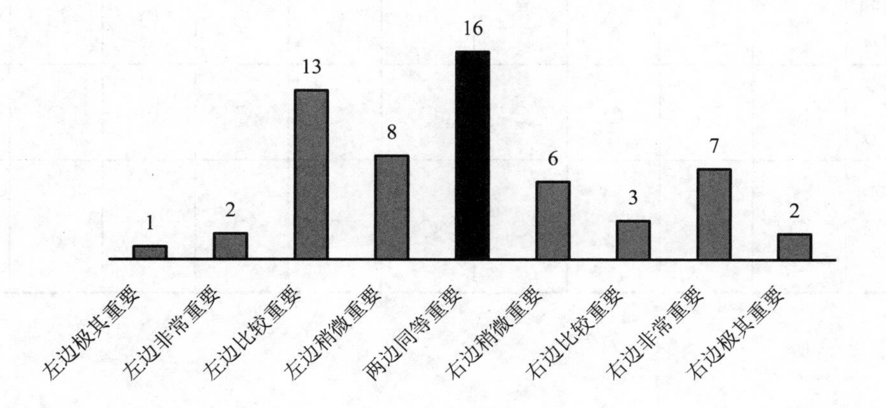

第 10 题（C3：C4 技术创新能力：投资能力）

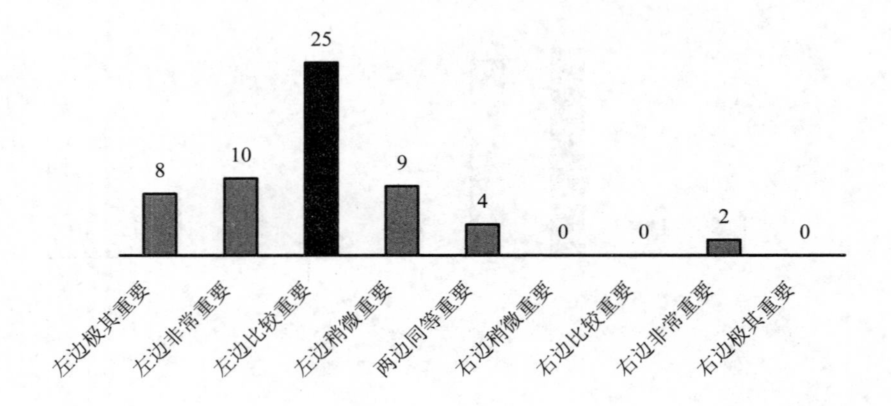

请您比较这四个二级指标的相对重要程度。

	左边极其重要	左边非常重要	左边比较重要	左边稍微重要	两边同等重要	右边稍微重要	右边比较重要	右边非常重要	右边极其重要	
C1：C2 运营能力	○	○	○	○	○	○	○	○	○	融资能力
C1：C3 运营能力	○	○	○	○	○	○	○	○	○	技术创新能力
C1：C4 运营能力	○	○	○	○	○	○	○	○	○	投资能力
C2：C3 融资能力	○	○	○	○	○	○	○	○	○	技术创新能力
C2：C4 融资能力	○	○	○	○	○	○	○	○	○	投资能力
C3：C4 技术创新能力	○	○	○	○	○	○	○	○	○	投资能力

附录2
中国环保产业发展指数调查问卷结果及分析

本次调研中，专家咨询以问卷的形式开展，咨询对象包括环保专家、经济学家、企业家、政府机关人员和社会公众，定向发放问卷近200份，往复3轮具有迭代型的问卷调查，通过有效性检验的问卷59份，发放时间为2016年7月15—18日。应用几何平均法统计调查结果，将统计结果输入判断矩阵，运用R软件计算准则层指标的权重。

1．中国环保产业发展指数三轮调查问卷结果展示

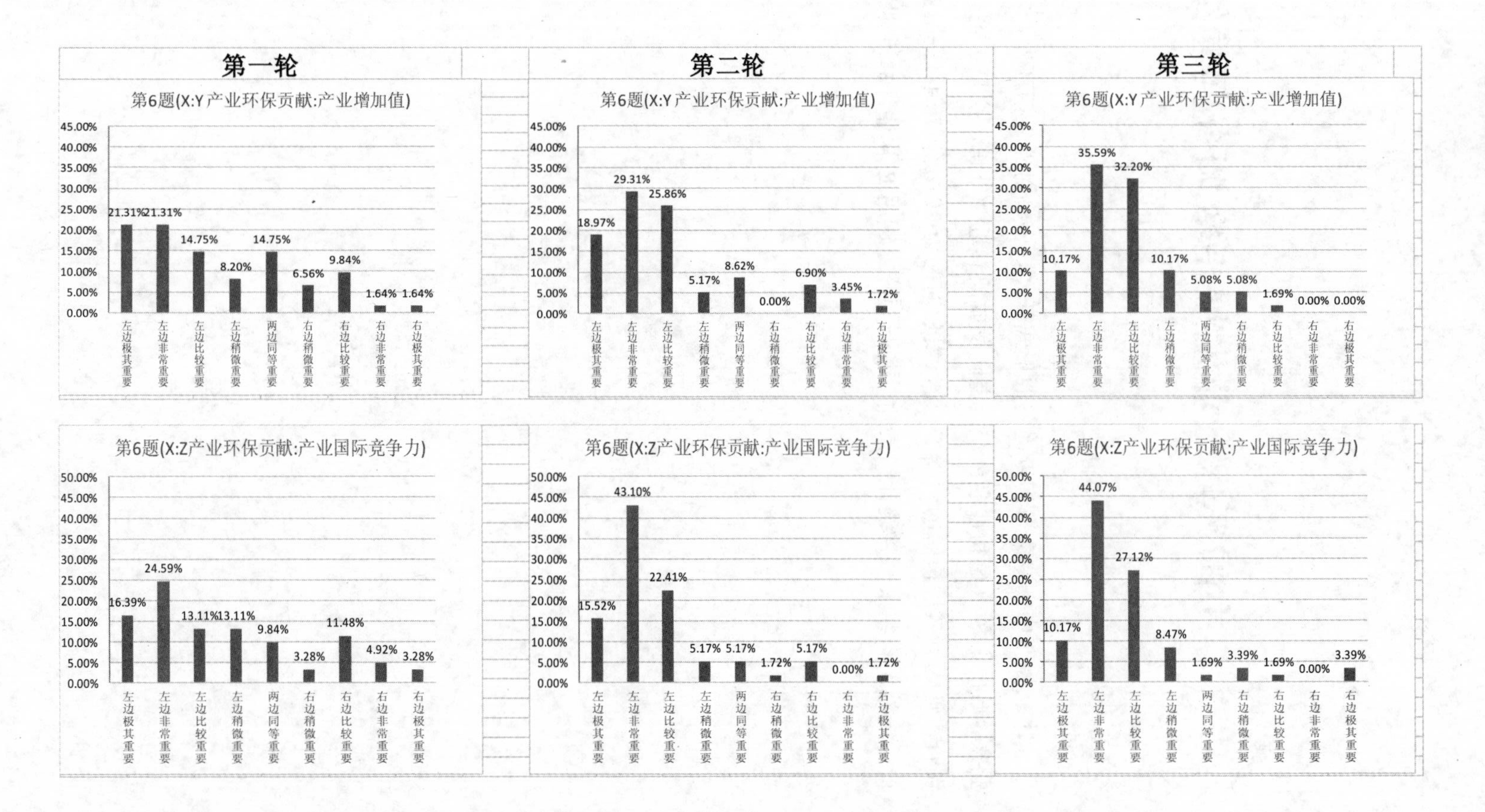

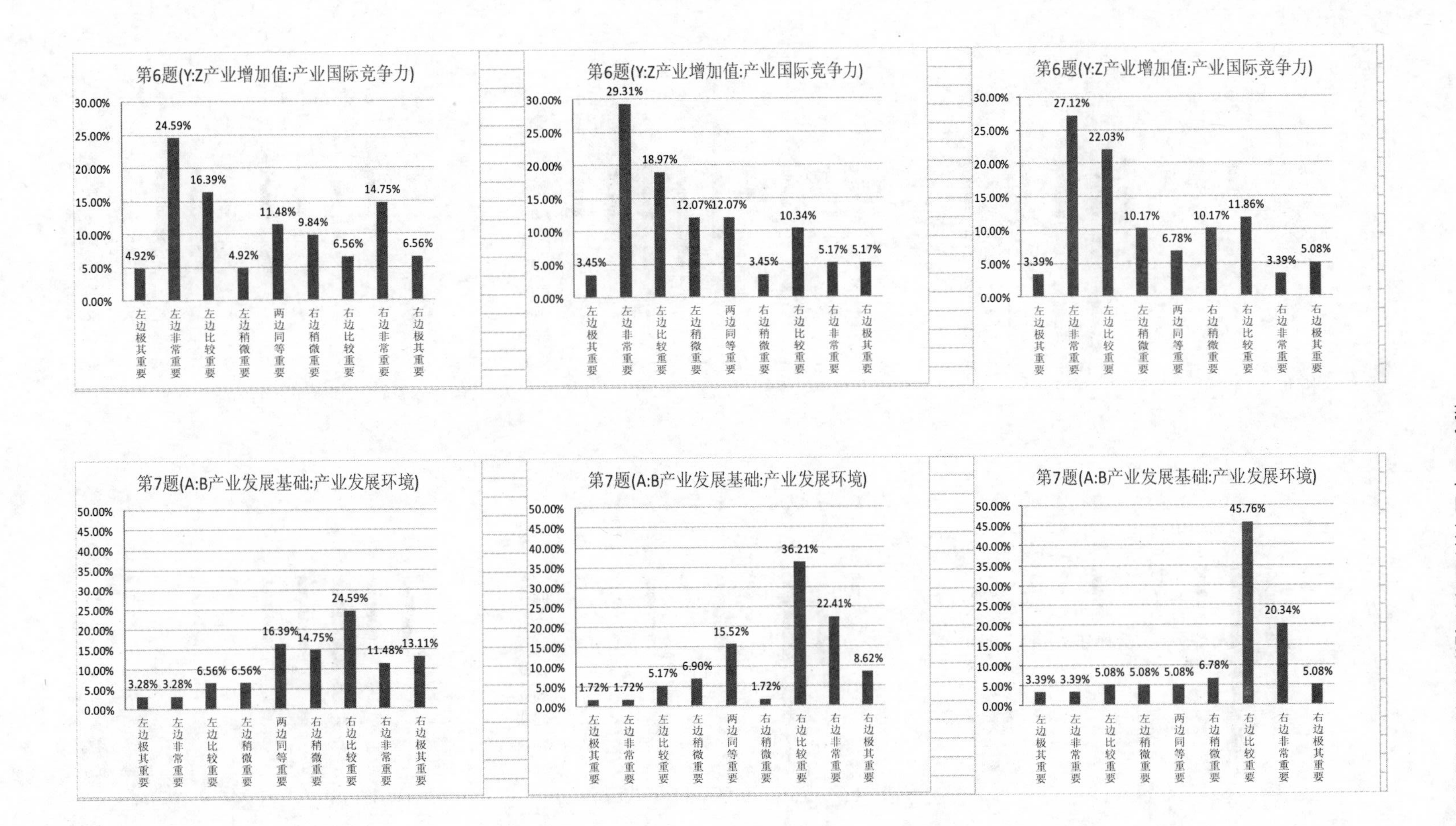
第6题(Y:Z产业增加值:产业国际竞争力)
30.00%
25.00%
20.00%
15.00%
10.00%
5.00%
0.00%
4.92%
24.59%
16.39%
4.92%
11.48%
9.84%
6.56%
14.75%
6.56%
左边极其重要
左边非常重要
左边比较重要
左边稍微重要
两边同等重要
右边稍微重要
右边比较重要
右边非常重要
右边极其重要
第6题(Y:Z产业增加值:产业国际竞争力)
3.45%
29.31%
18.97%
12.07%
12.07%
3.45%
10.34%
5.17%
5.17%
第6题(Y:Z产业增加值:产业国际竞争力)
3.39%
27.12%
22.03%
10.17%
6.78%
10.17%
11.86%
3.39%
5.08%
第7题(A:B产业发展基础:产业发展环境)
50.00%
45.00%
40.00%
35.00%
30.00%
25.00%
20.00%
15.00%
10.00%
5.00%
0.00%
3.28%
3.28%
6.56%
6.56%
16.39%
14.75%
24.59%
11.48%
13.11%
第7题(A:B产业发展基础:产业发展环境)
1.72%
1.72%
5.17%
6.90%
15.52%
1.72%
36.21%
22.41%
8.62%
第7题(A:B产业发展基础:产业发展环境)
3.39%
3.39%
5.08%
5.08%
5.08%
6.78%
45.76%
20.34%
5.08%

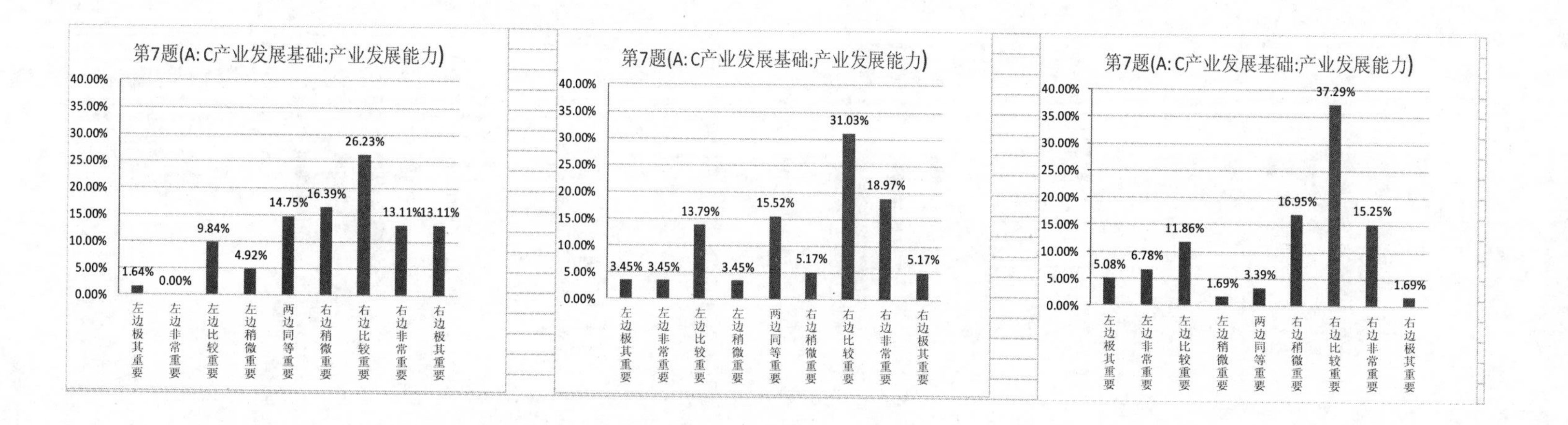
第7题(A: C产业发展基础:产业发展能力)
40.00%
35.00%
30.00%
25.00%
20.00%
15.00%
10.00%
5.00%
0.00%
1.64%
0.00%
9.84%
4.92%
14.75%
16.39%
26.23%
13.11%
13.11%
左边极其重要
左边非常重要
左边比较重要
左边稍微重要
两边同等重要
右边稍微重要
右边比较重要
右边非常重要
右边极其重要
第7题(A: C产业发展基础:产业发展能力)
40.00%
35.00%
30.00%
25.00%
20.00%
15.00%
10.00%
5.00%
0.00%
3.45%
3.45%
13.79%
3.45%
15.52%
5.17%
31.03%
18.97%
5.17%
左边极其重要
左边非常重要
左边比较重要
左边稍微重要
两边同等重要
右边稍微重要
右边比较重要
右边非常重要
右边极其重要
第7题(A: C产业发展基础:产业发展能力)
40.00%
35.00%
30.00%
25.00%
20.00%
15.00%
10.00%
5.00%
0.00%
5.08%
6.78%
11.86%
1.69%
3.39%
16.95%
37.29%
15.25%
1.69%
左边极其重要
左边非常重要
左边比较重要
左边稍微重要
两边同等重要
右边稍微重要
右边比较重要
右边非常重要
右边极其重要

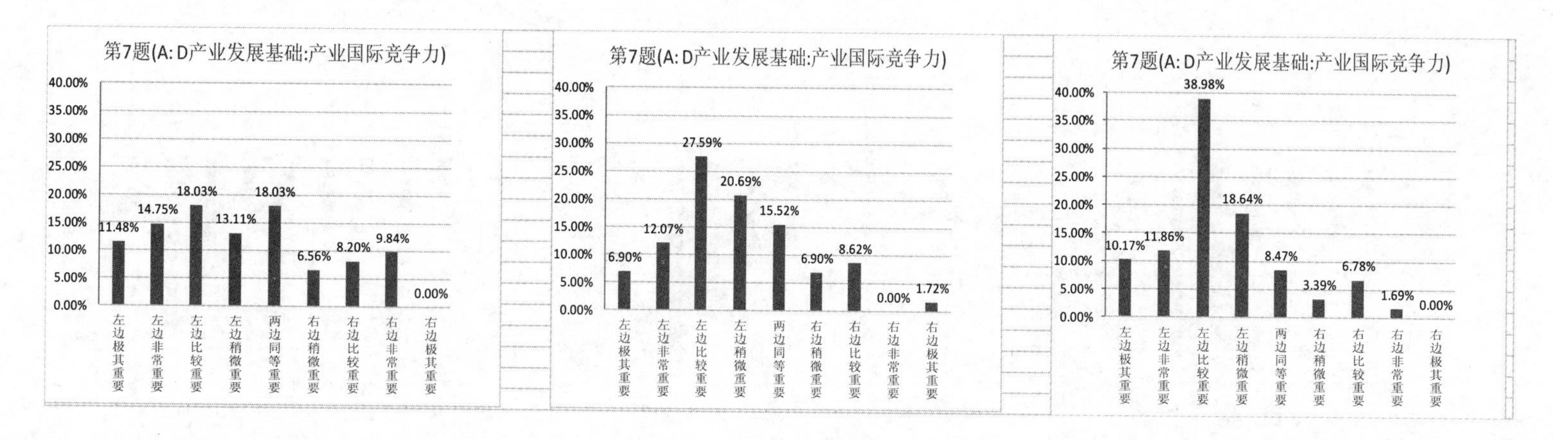
第7题(A: D产业发展基础:产业国际竞争力)
40.00%
35.00%
30.00%
25.00%
20.00%
15.00%
10.00%
5.00%
0.00%
11.48%
14.75%
18.03%
13.11%
18.03%
6.56%
8.20%
9.84%
0.00%
左边极其重要
左边非常重要
左边比较重要
左边稍微重要
两边同等重要
右边稍微重要
右边比较重要
右边非常重要
右边极其重要
第7题(A: D产业发展基础:产业国际竞争力)
40.00%
35.00%
30.00%
25.00%
20.00%
15.00%
10.00%
5.00%
0.00%
6.90%
12.07%
27.59%
20.69%
15.52%
6.90%
8.62%
0.00%
1.72%
左边极其重要
左边非常重要
左边比较重要
左边稍微重要
两边同等重要
右边稍微重要
右边比较重要
右边非常重要
右边极其重要
第7题(A: D产业发展基础:产业国际竞争力)
40.00%
35.00%
30.00%
25.00%
20.00%
15.00%
10.00%
5.00%
0.00%
10.17%
11.86%
38.98%
18.64%
8.47%
3.39%
6.78%
1.69%
0.00%
左边极其重要
左边非常重要
左边比较重要
左边稍微重要
两边同等重要
右边稍微重要
右边比较重要
右边非常重要
右边极其重要

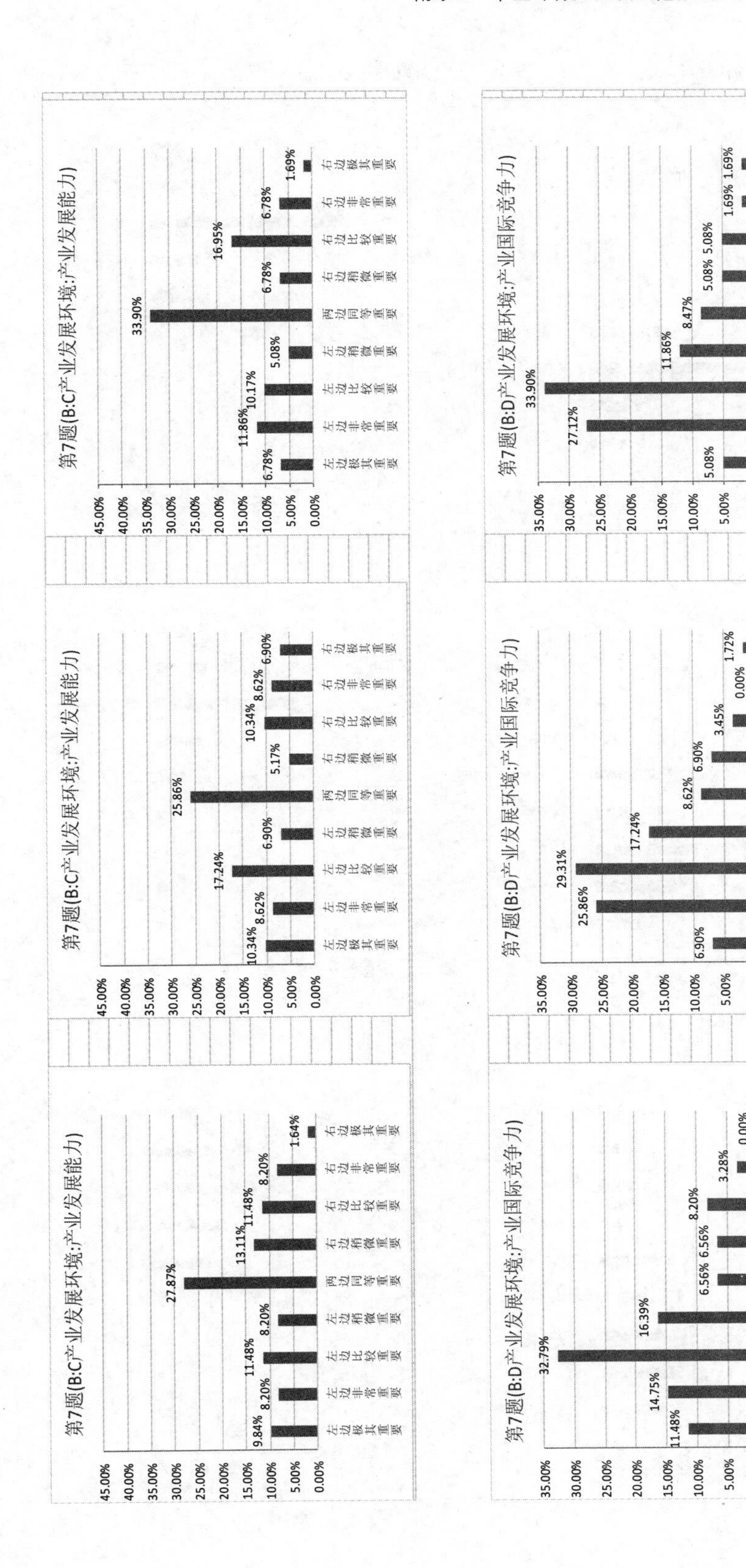
第7题(B:C产业发展环境:产业发展能力)
45.00%
40.00%
35.00%
30.00%
25.00%
20.00%
15.00%
10.00%
5.00%
0.00%
6.78%
11.86%
10.17%
5.08%
33.90%
6.78%
16.95%
6.78%
1.69%
左边极其重要
左边非常重要
左边比较重要
左边稍微重要
两边同等重要
右边稍微重要
右边比较重要
右边非常重要
右边极其重要
第7题(B:C产业发展环境:产业发展能力)
10.34%
8.62%
17.24%
6.90%
25.86%
5.17%
10.34%
8.62%
6.90%
第7题(B:C产业发展环境:产业发展能力)
9.84%
8.20%
11.48%
8.20%
27.87%
13.11%
11.48%
8.20%
1.64%
第7题(B:D产业发展环境:产业国际竞争力)
35.00%
30.00%
25.00%
20.00%
15.00%
10.00%
5.00%
0.00%
5.08%
27.12%
33.90%
11.86%
8.47%
5.08%
5.08%
1.69%
1.69%
第7题(B:D产业发展环境:产业国际竞争力)
6.90%
25.86%
29.31%
17.24%
8.62%
6.90%
3.45%
0.00%
1.72%
第7题(B:D产业发展环境:产业国际竞争力)
11.48%
14.75%
32.79%
16.39%
6.56%
6.56%
8.20%
3.28%
0.00%

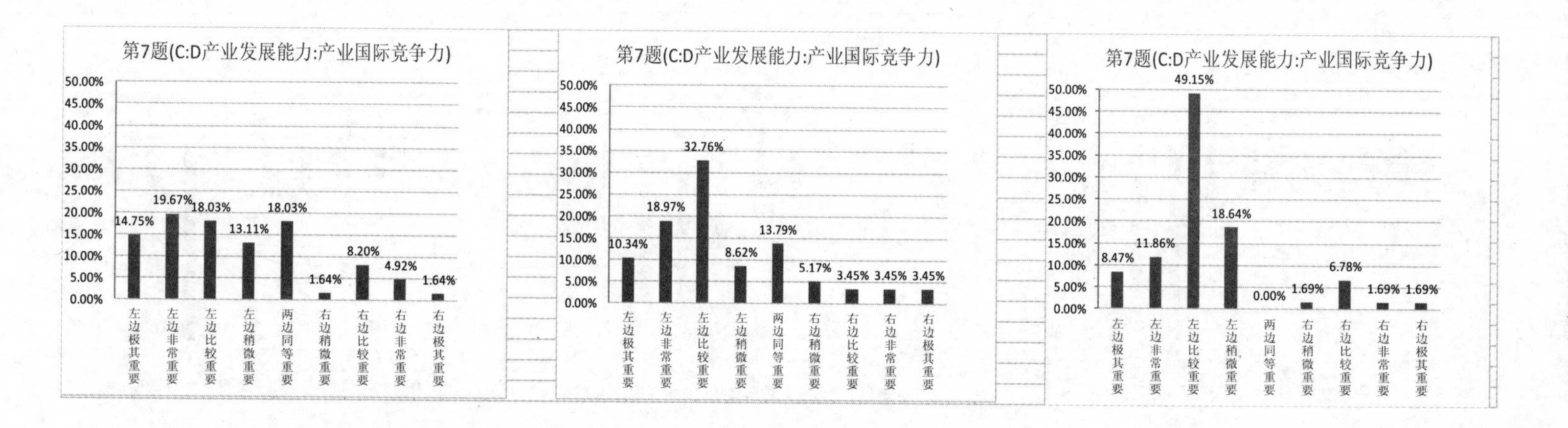
第7题(C:D产业发展能力:产业国际竞争力)
左边极其重要 14.75%
左边非常重要 19.67%
左边比较重要 18.03%
左边稍微重要 13.11%
两边同等重要 18.03%
右边稍微重要 1.64%
右边比较重要 8.20%
右边非常重要 4.92%
右边极其重要 1.64%
第7题(C:D产业发展能力:产业国际竞争力)
左边极其重要 10.34%
左边非常重要 18.97%
左边比较重要 32.76%
左边稍微重要 8.62%
两边同等重要 13.79%
右边稍微重要 5.17%
右边比较重要 3.45%
右边非常重要 3.45%
右边极其重要 3.45%
第7题(C:D产业发展能力:产业国际竞争力)
左边极其重要 8.47%
左边非常重要 11.86%
左边比较重要 49.15%
左边稍微重要 18.64%
两边同等重要 0.00%
右边稍微重要 1.69%
右边比较重要 6.78%
右边非常重要 1.69%
右边极其重要 1.69%

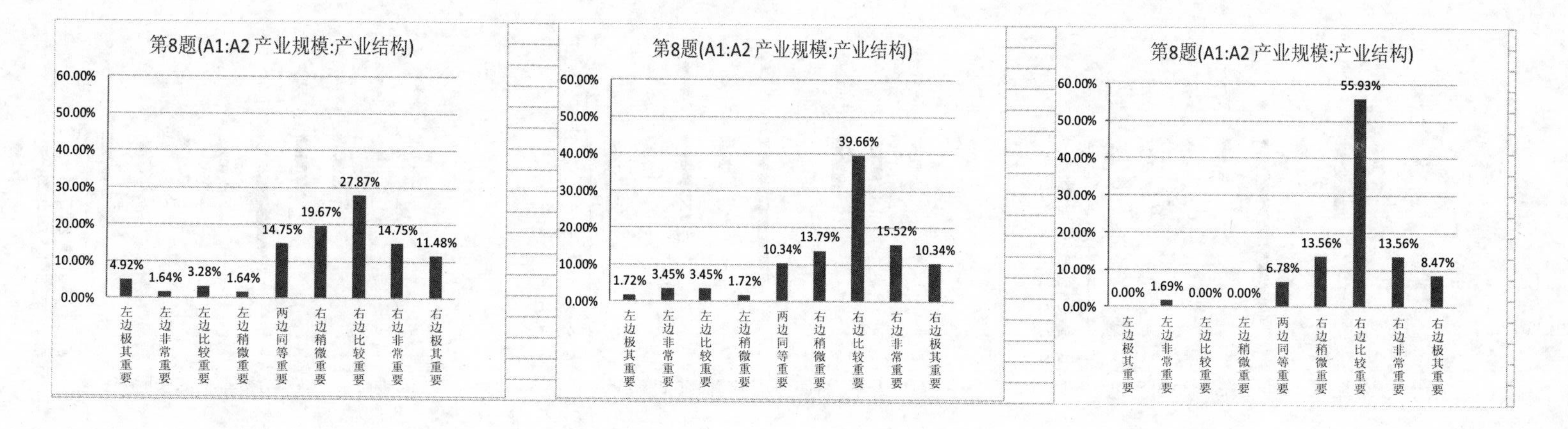
第8题(A1:A2产业规模:产业结构)
左边极其重要 4.92%
左边非常重要 1.64%
左边比较重要 3.28%
左边稍微重要 1.64%
两边同等重要 14.75%
右边稍微重要 19.67%
右边比较重要 27.87%
右边非常重要 14.75%
右边极其重要 11.48%
第8题(A1:A2产业规模:产业结构)
左边极其重要 1.72%
左边非常重要 3.45%
左边比较重要 3.45%
左边稍微重要 1.72%
两边同等重要 10.34%
右边稍微重要 13.79%
右边比较重要 39.66%
右边非常重要 15.52%
右边极其重要 10.34%
第8题(A1:A2产业规模:产业结构)
左边极其重要 0.00%
左边非常重要 1.69%
左边比较重要 0.00%
左边稍微重要 0.00%
两边同等重要 6.78%
右边稍微重要 13.56%
右边比较重要 55.93%
右边非常重要 13.56%
右边极其重要 8.47%

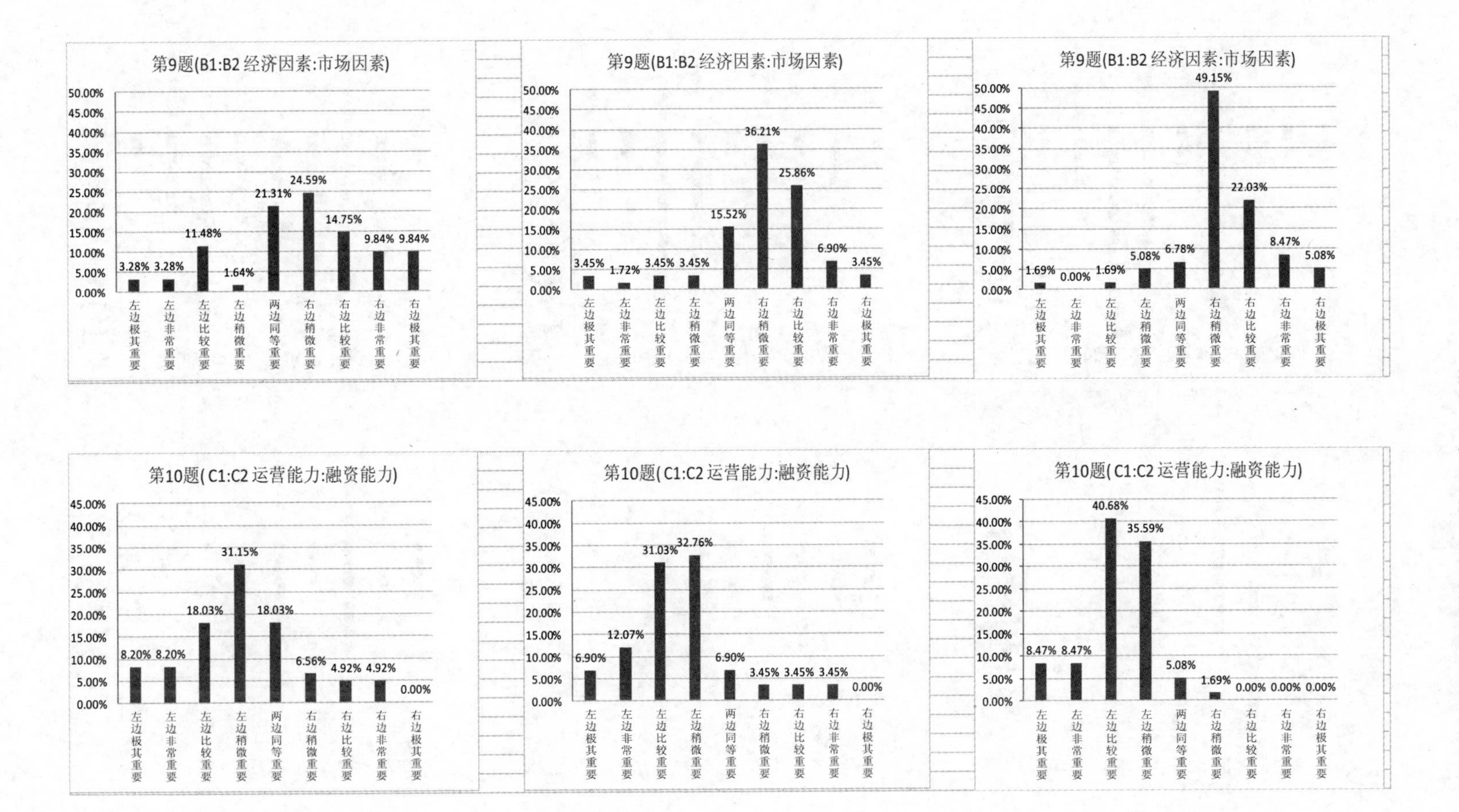
第9题(B1:B2 经济因素:市场因素)
50.00% 45.00% 40.00% 35.00% 30.00% 25.00% 20.00% 15.00% 10.00% 5.00% 0.00%
3.28% 3.28% 11.48% 1.64% 21.31% 24.59% 14.75% 9.84% 9.84%
左边极其重要 左边非常重要 左边比较重要 左边稍微重要 两边同等重要 右边稍微重要 右边比较重要 右边非常重要 右边极其重要
第9题(B1:B2 经济因素:市场因素)
50.00% 45.00% 40.00% 35.00% 30.00% 25.00% 20.00% 15.00% 10.00% 5.00% 0.00%
3.45% 1.72% 3.45% 3.45% 15.52% 36.21% 25.86% 6.90% 3.45%
左边极其重要 左边非常重要 左边比较重要 左边稍微重要 两边同等重要 右边稍微重要 右边比较重要 右边非常重要 右边极其重要
第9题(B1:B2 经济因素:市场因素)
50.00% 45.00% 40.00% 35.00% 30.00% 25.00% 20.00% 15.00% 10.00% 5.00% 0.00%
1.69% 0.00% 1.69% 5.08% 6.78% 49.15% 22.03% 8.47% 5.08%
左边极其重要 左边非常重要 左边比较重要 左边稍微重要 两边同等重要 右边稍微重要 右边比较重要 右边非常重要 右边极其重要
第10题(C1:C2 运营能力:融资能力)
45.00% 40.00% 35.00% 30.00% 25.00% 20.00% 15.00% 10.00% 5.00% 0.00%
8.20% 8.20% 18.03% 31.15% 18.03% 6.56% 4.92% 4.92% 0.00%
左边极其重要 左边非常重要 左边比较重要 左边稍微重要 两边同等重要 右边稍微重要 右边比较重要 右边非常重要 右边极其重要
第10题(C1:C2 运营能力:融资能力)
45.00% 40.00% 35.00% 30.00% 25.00% 20.00% 15.00% 10.00% 5.00% 0.00%
6.90% 12.07% 31.03% 32.76% 6.90% 3.45% 3.45% 3.45% 0.00%
左边极其重要 左边非常重要 左边比较重要 左边稍微重要 两边同等重要 右边稍微重要 右边比较重要 右边非常重要 右边极其重要
第10题(C1:C2 运营能力:融资能力)
45.00% 40.00% 35.00% 30.00% 25.00% 20.00% 15.00% 10.00% 5.00% 0.00%
8.47% 8.47% 40.68% 35.59% 5.08% 1.69% 0.00% 0.00% 0.00%
左边极其重要 左边非常重要 左边比较重要 左边稍微重要 两边同等重要 右边稍微重要 右边比较重要 右边非常重要 右边极其重要

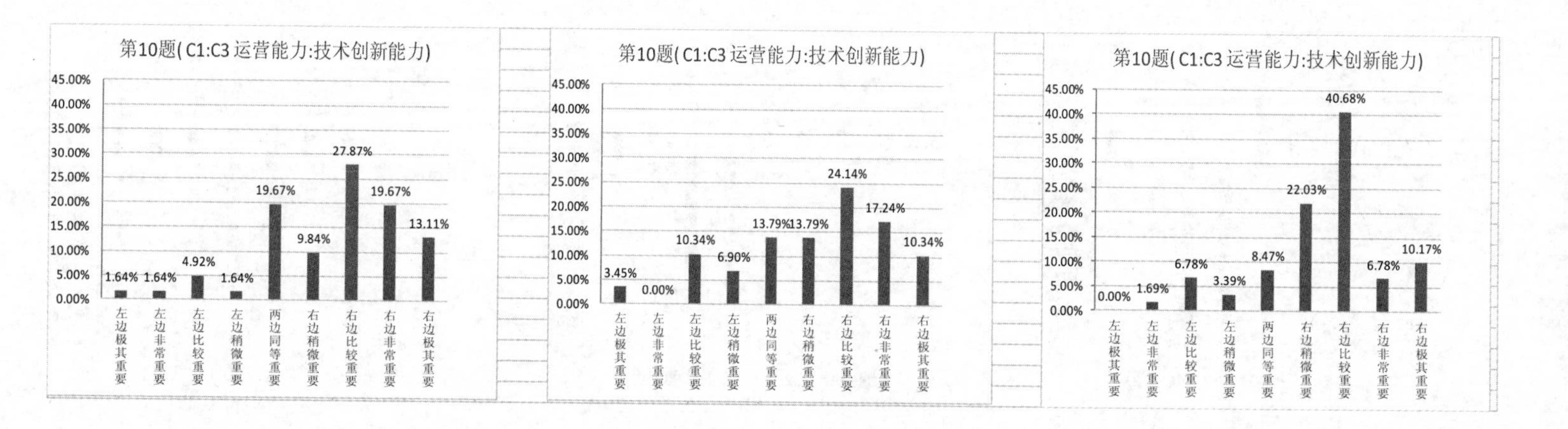
第10题(C1:C3运营能力:技术创新能力)
1.64% 1.64% 4.92% 1.64% 19.67% 9.84% 27.87% 19.67% 13.11%
第10题(C1:C3运营能力:技术创新能力)
3.45% 0.00% 10.34% 6.90% 13.79% 13.79% 24.14% 17.24% 10.34%
第10题(C1:C3运营能力:技术创新能力)
0.00% 1.69% 6.78% 3.39% 8.47% 22.03% 40.68% 6.78% 10.17%
45.00% 40.00% 35.00% 30.00% 25.00% 20.00% 15.00% 10.00% 5.00% 0.00%
左边极其重要 左边非常重要 左边比较重要 左边稍微重要 两边同等重要 右边稍微重要 右边比较重要 右边非常重要 右边极其重要

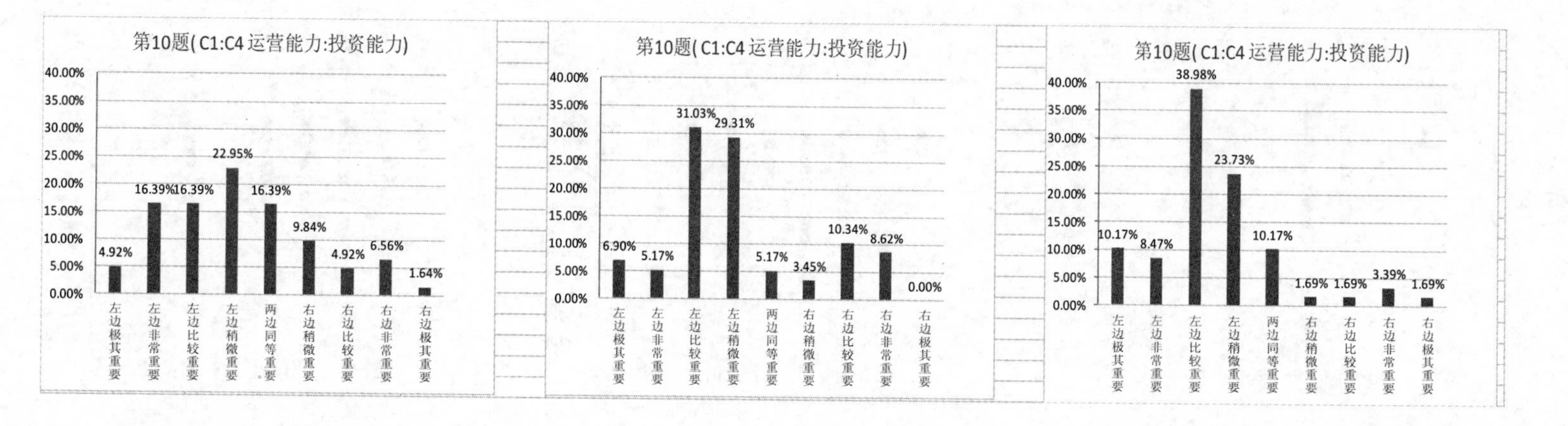
第10题(C1:C4运营能力:投资能力)
4.92% 16.39% 16.39% 22.95% 16.39% 9.84% 4.92% 6.56% 1.64%
第10题(C1:C4运营能力:投资能力)
6.90% 5.17% 31.03% 29.31% 5.17% 3.45% 10.34% 8.62% 0.00%
第10题(C1:C4运营能力:投资能力)
10.17% 8.47% 38.98% 23.73% 10.17% 1.69% 1.69% 3.39% 1.69%
40.00% 35.00% 30.00% 25.00% 20.00% 15.00% 10.00% 5.00% 0.00%
左边极其重要 左边非常重要 左边比较重要 左边稍微重要 两边同等重要 右边稍微重要 右边比较重要 右边非常重要 右边极其重要

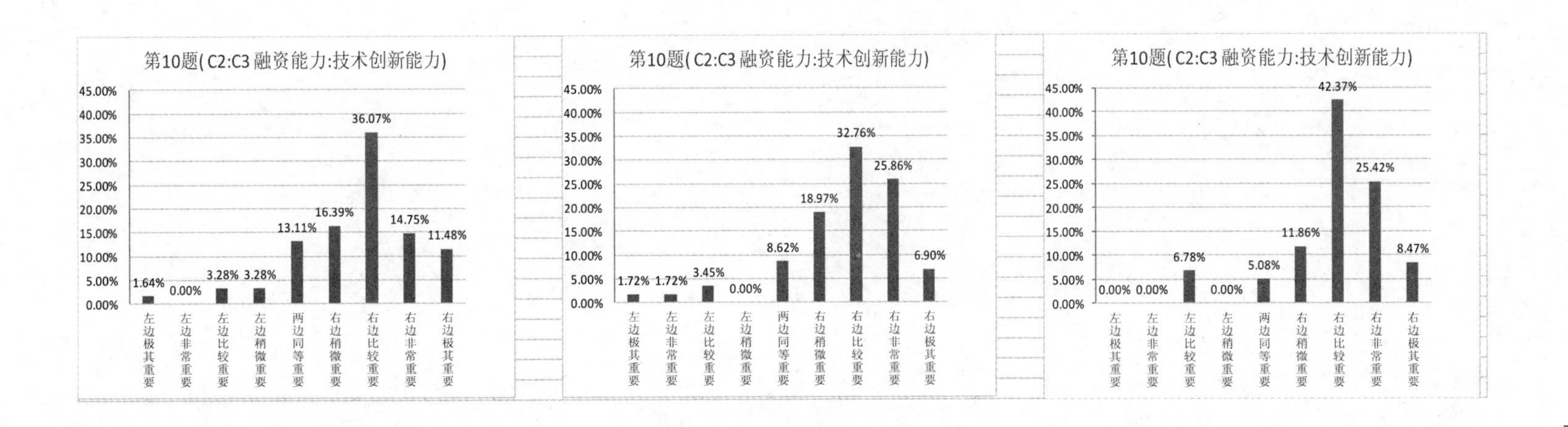
第10题(C2:C3融资能力:技术创新能力)
1.64% 0.00% 3.28% 3.28% 13.11% 16.39% 36.07% 14.75% 11.48%
第10题(C2:C3融资能力:技术创新能力)
1.72% 1.72% 3.45% 0.00% 8.62% 18.97% 32.76% 25.86% 6.90%
第10题(C2:C3融资能力:技术创新能力)
0.00% 0.00% 6.78% 0.00% 5.08% 11.86% 42.37% 25.42% 8.47%
左边极其重要 左边非常重要 左边比较重要 左边稍微重要 两边同等重要 右边稍微重要 右边比较重要 右边非常重要 右边极其重要
45.00% 40.00% 35.00% 30.00% 25.00% 20.00% 15.00% 10.00% 5.00% 0.00%

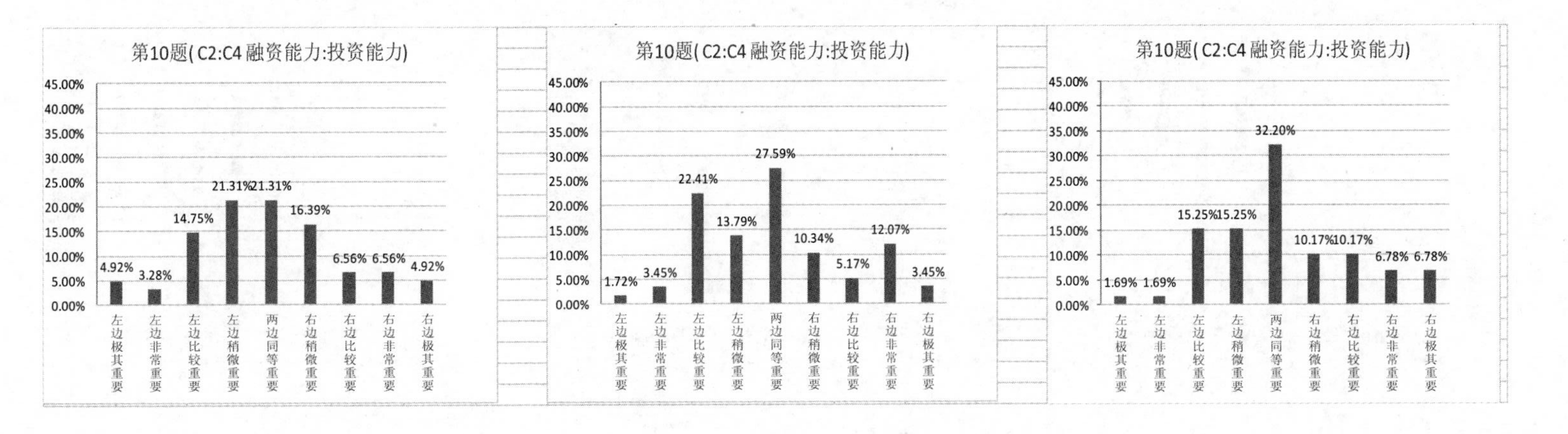
第10题(C2:C4融资能力:投资能力)
4.92% 3.28% 14.75% 21.31% 21.31% 16.39% 6.56% 6.56% 4.92%
第10题(C2:C4融资能力:投资能力)
1.72% 3.45% 22.41% 13.79% 27.59% 10.34% 5.17% 12.07% 3.45%
第10题(C2:C4融资能力:投资能力)
1.69% 1.69% 15.25% 15.25% 32.20% 10.17% 10.17% 6.78% 6.78%
左边极其重要 左边非常重要 左边比较重要 左边稍微重要 两边同等重要 右边稍微重要 右边比较重要 右边非常重要 右边极其重要
45.00% 40.00% 35.00% 30.00% 25.00% 20.00% 15.00% 10.00% 5.00% 0.00%

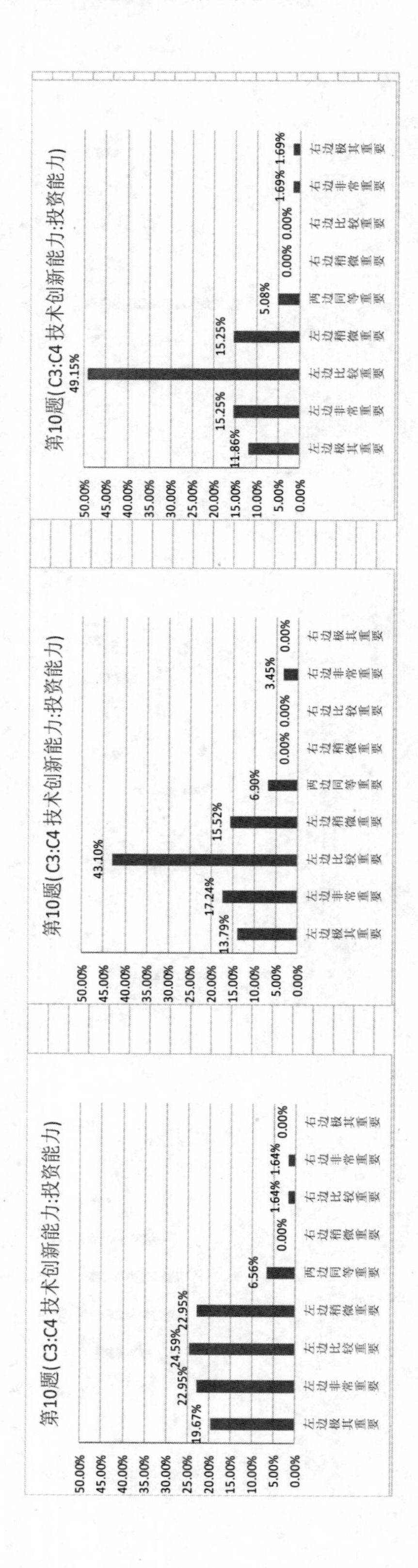
第10题(C3:C4技术创新能力:投资能力)
50.00%
45.00%
40.00%
35.00%
30.00%
25.00%
20.00%
15.00%
10.00%
5.00%
0.00%
11.86%
15.25%
49.15%
15.25%
5.08%
0.00%
0.00%
1.69%
1.69%
左边极其重要
左边非常重要
左边比较重要
左边稍微重要
两边同等重要
右边稍微重要
右边比较重要
右边非常重要
右边极其重要
第10题(C3:C4技术创新能力:投资能力)
50.00%
45.00%
40.00%
35.00%
30.00%
25.00%
20.00%
15.00%
10.00%
5.00%
0.00%
13.79%
17.24%
43.10%
15.52%
6.90%
0.00%
0.00%
3.45%
0.00%
左边极其重要
左边非常重要
左边比较重要
左边稍微重要
两边同等重要
右边稍微重要
右边比较重要
右边非常重要
右边极其重要
第10题(C3:C4技术创新能力:投资能力)
50.00%
45.00%
40.00%
35.00%
30.00%
25.00%
20.00%
15.00%
10.00%
5.00%
0.00%
19.67%
22.95%
24.59%
22.95%
6.56%
0.00%
1.64%
1.64%
0.00%
左边极其重要
左边非常重要
左边比较重要
左边稍微重要
两边同等重要
右边稍微重要
右边比较重要
右边非常重要
右边极其重要

2．中国环保产业发展指数三轮调查问卷结果分析

由于调研过程中三轮问卷是迭代关系，故以下主要针对第三轮的问卷结果作综合分析，问卷结果及分析如下所示。

（1）第 6 题　一级指标（产出部分）

CEPI-DI 的一级指标（产出部分）分为 3 项，具体包括：X（产业环保贡献）、Y（产业增加值）和 Z（产业国际竞争力），下面将两两比较，得到这 3 个一级指标的相对重要程度，如附表 2-1 所示。

附表 2-1　一级指标（产出部分）下 3 个一级指标相对程度统计表

题目/选项	左边极其重要	左边非常重要	左边比较重要	左边稍微重要	两边同等重要	右边稍微重要	右边比较重要	右边非常重要	右边极其重要
X：Y	6（10.17%）	21（35.59%）	19（32.2%）	6（10.17%）	3（5.08%）	3（5.08%）	1（1.69%）	0（0%）	0（0%）
X：Z	6（10.17%）	26（44.07%）	16（27.12%）	5（8.47%）	1（1.69%）	2（3.39%）	1（1.69%）	0（0%）	2（3.39%）
Y：Z	2（3.39%）	16（27.12%）	13（22.03%）	6（10.17%）	4（6.78%）	6（10.17%）	7（11.86%）	2（3.39%）	3（5.08%）

注：图中灰色背景部分为选票众数及其百分比，下同。

在这一组问题中，普遍认为：①环保产业贡献比产业增加值非常重要；②产业环保贡献比产业国际竞争力非常重要；③产业增加值比产业国际竞争力非常重要。为了更加直观地反映一级指标（产出部分）下 3 项一级指标相对重要程度的情况，依据问卷选票结果作直方图，如附图 2-1 所示，图中数字代表票数，下同。

第 6 题（X：Y 产业环保贡献：产业增加值）

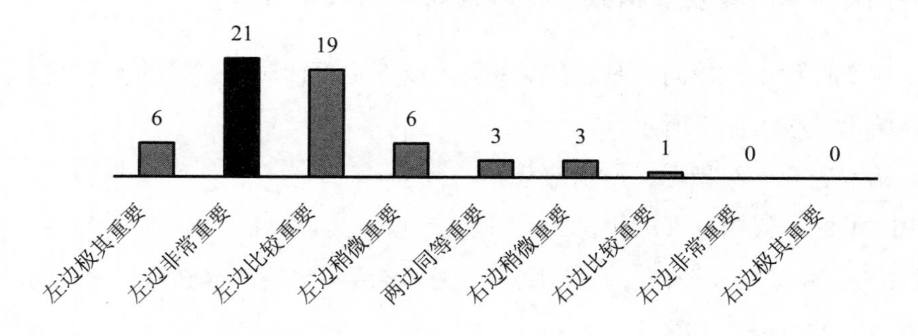

第 6 题（X：Z 产业环保贡献：产业国际竞争力）

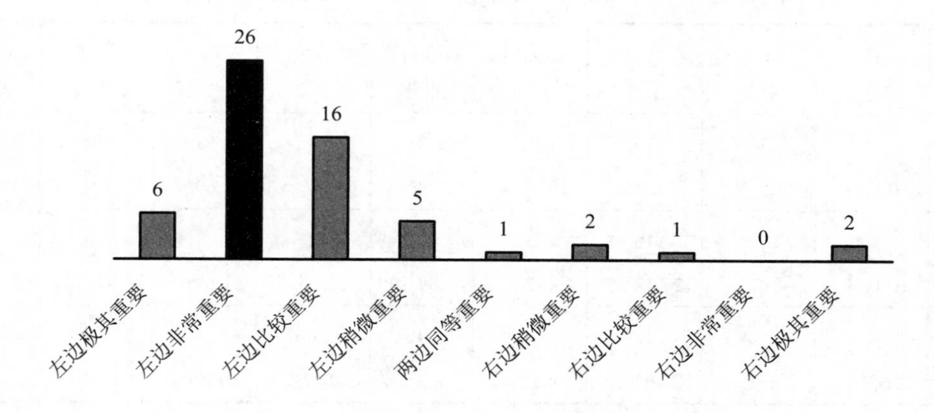

第 6 题（Y：Z 产业增加值：产业国际竞争力）

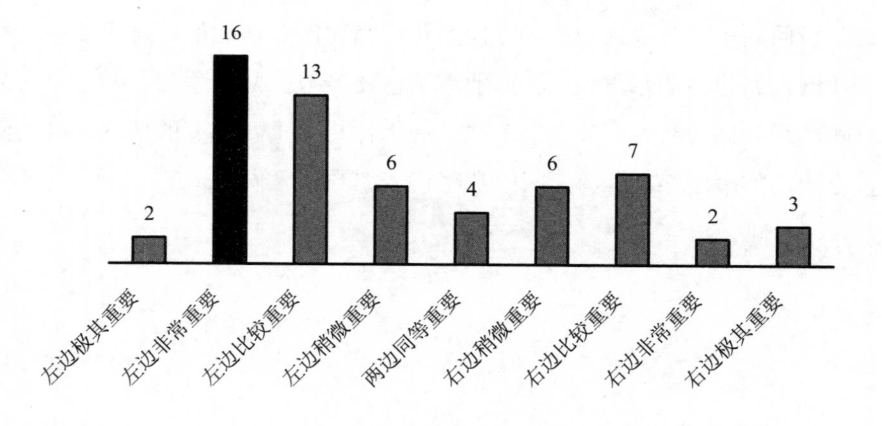

附图 2-1　一级指标（产出部分）选票票数直方图

（2）第 7 题　一级指标（投入部分）

CEPI-DI 的一级指标（投入部分）分为 4 项，分别是：A（产业发展基础）、B（产业发展环境）、C（产业发展能力）和 D（产业国际竞争力），下面将两两比较，得到这 4 个一级指标的相对重要程度，如附表 2-2 所示。

附表 2-2　一级指标（投入部分）下 4 个一级指标相对程度统计表

题目\选项	左边极其重要	左边非常重要	左边比较重要	左边稍微重要	两边同等重要	右边稍微重要	右边比较重要	右边非常重要	右边极其重要
A：B	2（3.39%）	2（3.39%）	3（5.08%）	3（5.08%）	3（5.08%）	4（6.78%）	27（45.76%）	12（20.34%）	3（5.08%）
A：C	3（5.08%）	4（6.78%）	7（11.86%）	1（1.69%）	2（3.39%）	10（16.95%）	22（37.29%）	9（15.25%）	1（1.69%）
A：D	6（10.17%）	7（11.86%）	23（38.98%）	11（18.64%）	5（8.47%）	2（3.39%）	4（6.78%）	1（1.69%）	0（0%）
B：C	4（6.78%）	7（11.86%）	6（10.17%）	3（5.08%）	20（33.9%）	4（6.78%）	10（16.95%）	4（6.78%）	1（1.69%）
B：D	3（5.08%）	16（27.12%）	20（33.9%）	7（11.86%）	5（8.47%）	3（5.08%）	3（5.08%）	1（1.69%）	1（1.69%）
C：D	5（8.47%）	7（11.86%）	29（49.15%）	11（18.64%）	0（0%）	1（1.69%）	4（6.78%）	1（1.69%）	1（1.69%）

在这一组问题中，普遍认为：①产业发展环境比产业发展基础比较重要；②产业发展能力比产业发展基础比较重要；③产业发展基础比产业国际竞争力比较重要；④产业发展环境和产业发展能力同等重要；⑤产业发展环境比产业国际竞争力比较重要；⑥产业发展能力比产业国际竞争力比较重要。为直观反映一级指标（投入部分）的比较关系，依据问卷选票结果作直方图如附图 2-2 所示。

第 7 题（A：B 产业发展基础：产业发展环境）

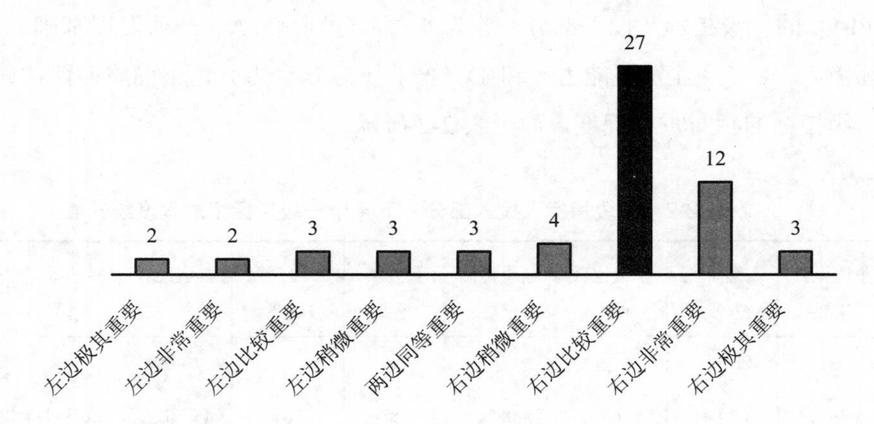

第 7 题（A：C 产业发展基础：产业发展能力）

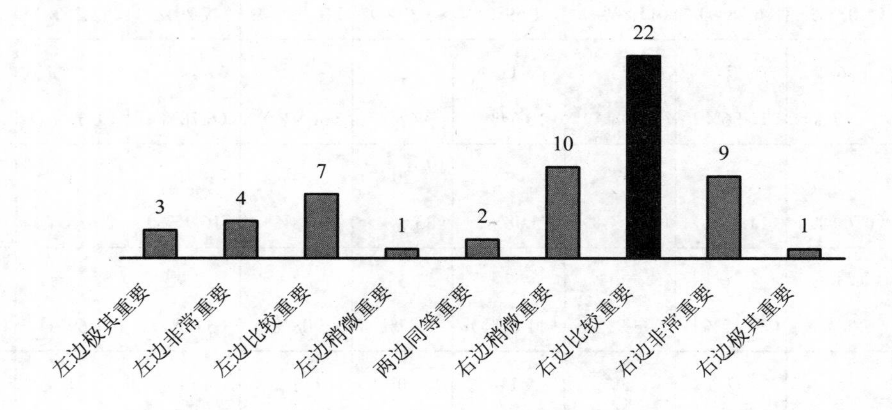

第 7 题（A：D 产业发展基础：产业国际竞争力）

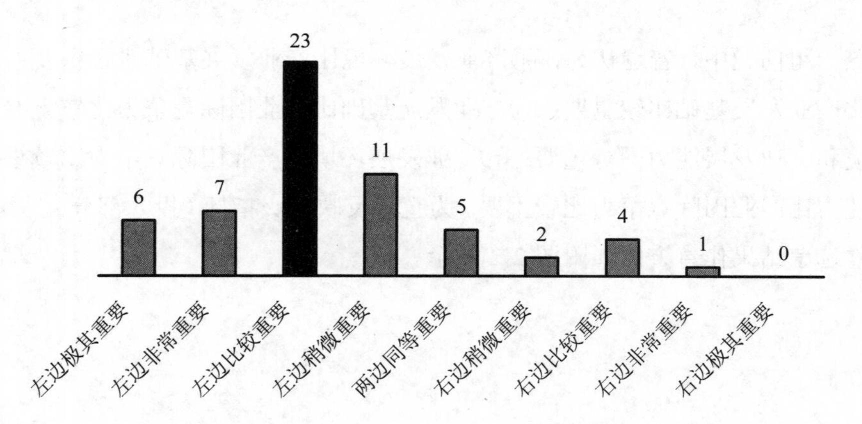

第 7 题（B：C 产业发展环境：产业发展能力）

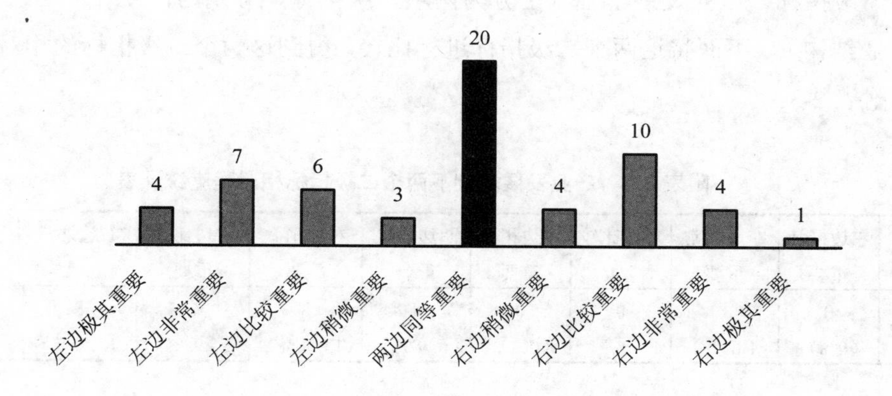

第 7 题（B：D 产业发展环境：产业国际竞争力）

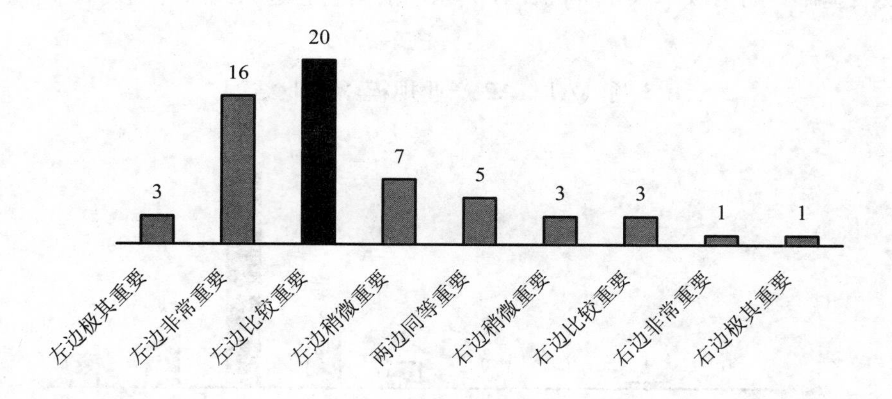

第 7 题（C：D 产业发展能力：产业国际竞争力）

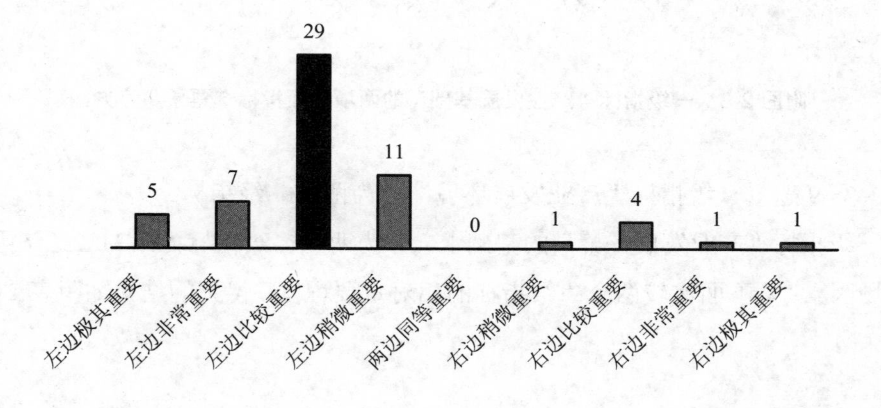

附图 2-2　一级指标（投入部分）选票票数直方图

（3）第 8 题　一级指标“产业发展基础”分为两项二级指标

在一级指标“产业发展基础”上分为两项二级指标，分别为：A1（产业规模）和 A2（产业结构）。下面将这两个二级指标进行比较，得到这两个二级指标的相对重要程度，见附表 2-3。

附表 2-3　产业发展基础下两个二级指标相对程度统计表

题目/选项	左边极其重要	左边非常重要	左边比较重要	左边稍微重要	两边同等重要	右边稍微重要	右边比较重要	右边非常重要	右边极其重要
A1：A2	0（0%）	1（1.69%）	0（0%）	0（0%）	4（6.78%）	8（13.56%）	33（55.93%）	8（13.56%）	5（8.47%）

在这一组问题中，普遍认为：产业结构比产业规模比较重要。为直观反映一级指标“产业发展基础”的两项二级指标的比较关系，依据问卷选票结果作直方图，如附图 2-3 所示。

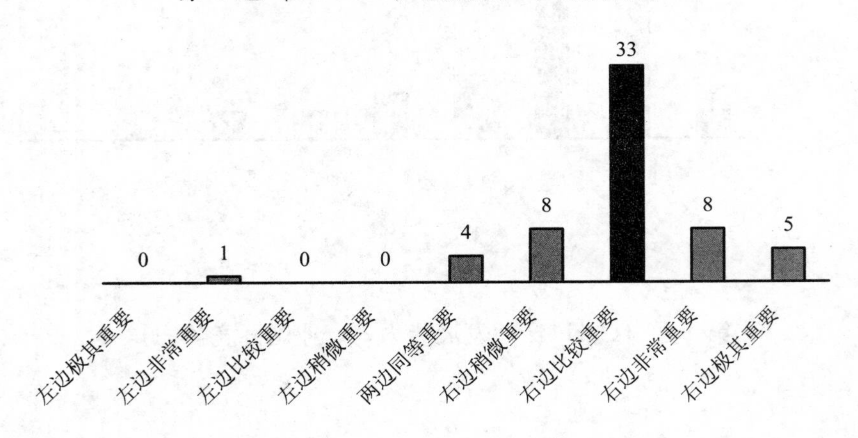

附图 2-3　一级指标“产业发展基础”的两项二级指标选票票数直方图

（4）第 9 题　一级指标“产业发展环境”分为两项二级指标

在一级指标“产业发展环境”的基础上，分为两项二级指标为：B1（经济因素）和 B2（市场因素）。下面比较两个二级指标的相对重要程度，得到的结果如附表 2-4 所示。

附表 2-4　产业发展基础下两个二级指标相对程度统计表

题目/选项	左边极其重要	左边非常重要	左边比较重要	左边稍微重要	两边同等重要	右边稍微重要	右边比较重要	右边非常重要	右边极其重要
B1：B2	1（1.69%）	0（0%）	1（1.69%）	3（5.08%）	4（6.78%）	29（49.15%）	13（22.03%）	5（8.47%）	3（5.08%）

在这一组问题中，普遍认为：市场因素比经济因素稍微重要。为直观反映一级指标“产业发展环境”的两项二级指标的比较关系，依据问卷选票结果作直方图如附图 2-4 所示。

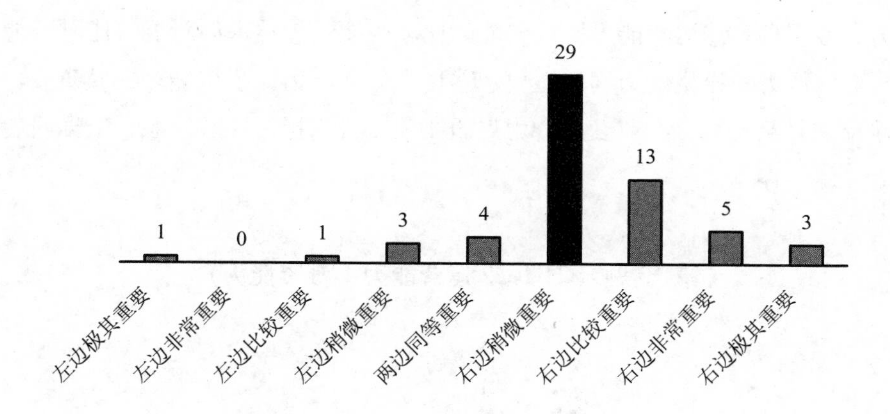

附图 2-4　一级指标“产业发展环境”的两项二级指标选票票数直方图

（5）第 10 题　一级指标“产业发展能力”分为 4 项二级指标

一级指标“产业发展能力”分为 4 项二级指标，分别为：C1（运营能力）、C2（融资能力）、C3（技术创新能力）和 C4（投资能力）。下面比较这 4 个二级指标的相对重要程度，具体情况如附表 2-5 所示。

附表 2-5　产业发展基础下两个二级指标相对程度统计表

题目/选项	左边极其重要	左边非常重要	左边比较重要	左边稍微重要	两边同等重要	右边稍微重要	右边比较重要	右边非常重要	右边极其重要
C1：C2	5（8.47%）	5（8.47%）	24（40.68%）	21（35.59%）	3（5.08%）	1（1.69%）	0（0%）	0（0%）	0（0%）

题目/选项	左边极其重要	左边非常重要	左边比较重要	左边稍微重要	两边同等重要	右边稍微重要	右边比较重要	右边非常重要	右边极其重要
C1：C3	0（0%）	1（1.69%）	4（6.78%）	2（3.39%）	5（8.47%）	13（22.03%）	24（40.68%）	4（6.78%）	6（10.17%）
C1：C4	6（10.17%）	5（8.47%）	23（38.98%）	14（23.73%）	6（10.17%）	1（1.69%）	1（1.69%）	2（3.39%）	1（1.69%）
C2：C3	0（0%）	0（0%）	4（6.78%）	0（0%）	3（5.08%）	7（11.86%）	25（42.37%）	15（25.42%）	5（8.47%）
C2：C4	1（1.69%）	1（1.69%）	9（15.25%）	9（15.25%）	19（32.2%）	6（10.17%）	6（10.17%）	4（6.78%）	4（6.78%）
C3：C4	7（11.86%）	9（15.25%）	29（49.15%）	9（15.25%）	3（5.08%）	0（0%）	0（0%）	1（1.69%）	1（1.69%）

在这一组问题中，普遍认为：①运营能力比融资能力比较重要；②技术创新能力比运营能力比较重要；③运营能力比投资能力比较重要；④技术创新能力比融资能力比较重要；⑤融资能力和投资能力同等重要；⑥技术创新能力比投资能力比较重要。为了更加直观地反映一级指标“产业发展能力”的 4 项二级指标的比较关系，依据问卷选票结果作直方图如附图 2-5 所示。

第 10 题（C1：C2 运营能力：融资能力）

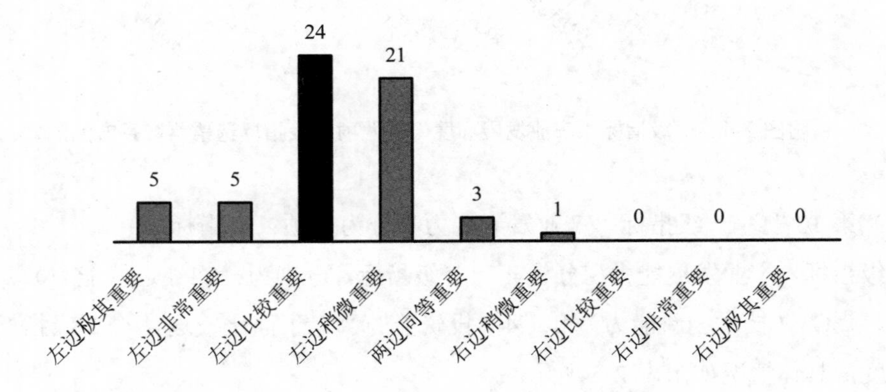

第10题（C1：C3 运营能力：技术创新能力）

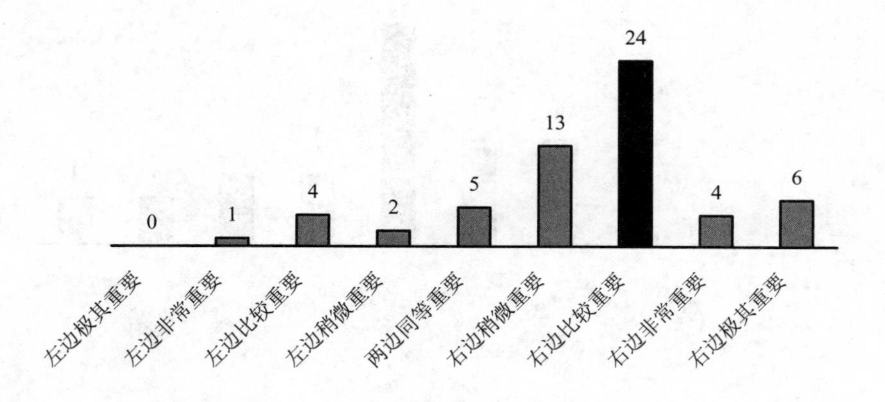

第10题（C1：C4 运营能力：投资能力）

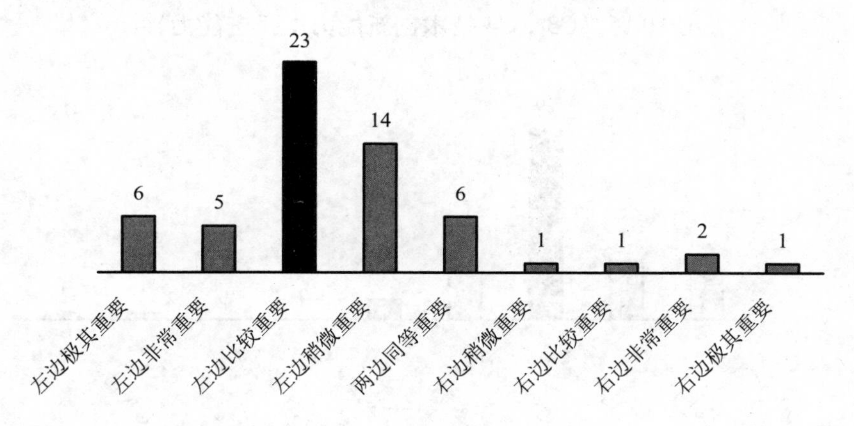

第10题（C2：C3 融资能力：技术创新能力）

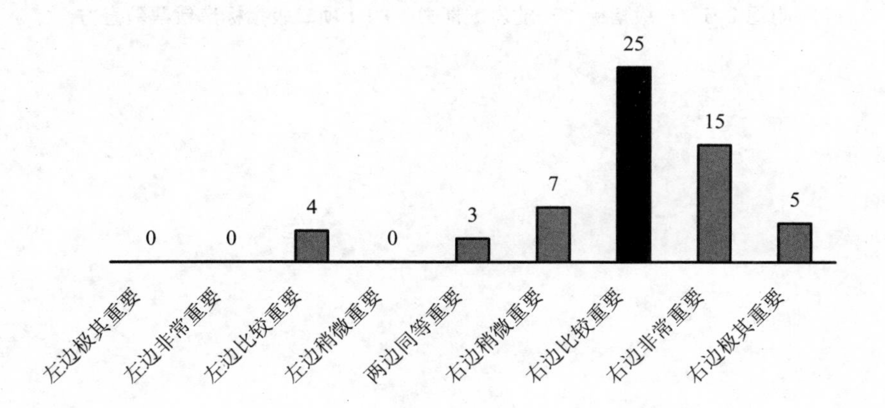

第 10 题（C2：C4 融资能力：投资能力）

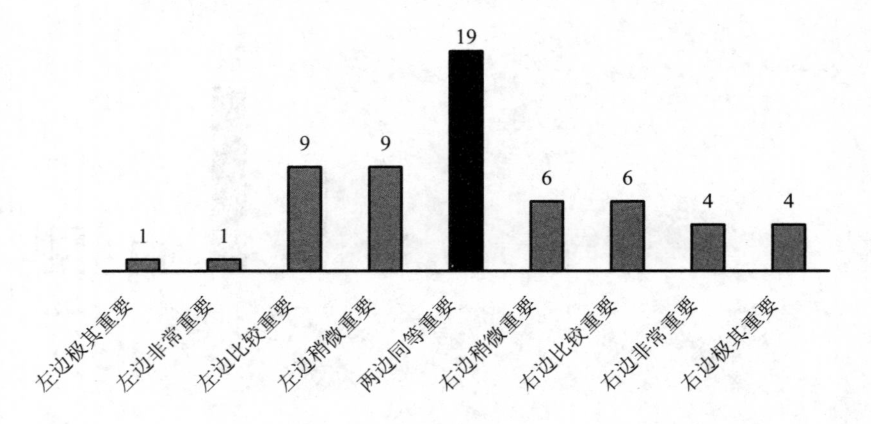

第 10 题（C3：C4 技术创新能力：投资能力）

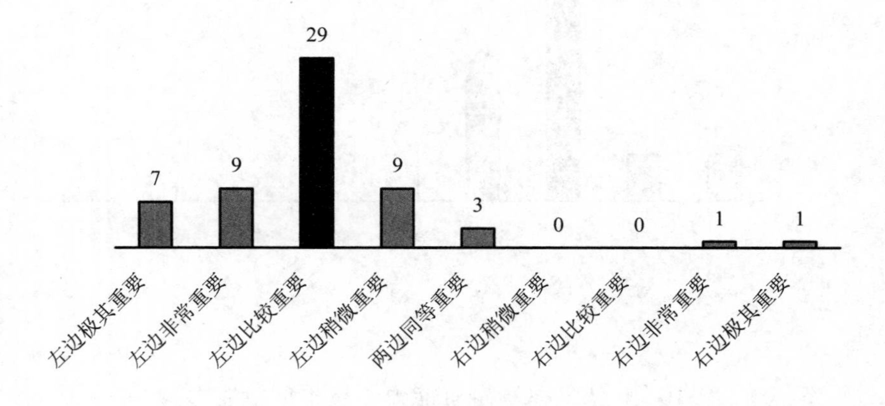

附图 2-5　一级指标“产业发展能力”的 4 项二级指标选票票数直方

附录3

沪深A股90家环保上市公司的发展指数测算结果

排名	企业名称	行业	发展指数	发展基础		发展环境			发展能力				
				企业规模	产业结构	经济因素	政策因素	市场因素	营运能力	融资能力	投资能力	技术创新能力	出口能力
			100%	4%	16%	16%	15%	9%	9%	3%	3%	16%	9%
1	理工环科	监	456	20	16	15	32	20	9	279	7	49	9
2	永清环保	气	427	5	16	15	19	5	14	328	5	12	9
3	天瑞仪器	监	325	4	16	15	32	7	8	9	211	15	9
4	神雾环保	水	318	35	16	15	12	33	36	7	2	154	9
5	东方园林	固	244	73	16	15	50	9	8	3	49	13	9
6	伟明环保	固	204	12	16	15	50	9	9	13	15	55	9
7	先河环保	监	190	10	16	15	32	11	9	61	4	23	9
8	重庆水务	水	188	4	16	15	12	8	9	3	2	111	9
9	巴安水务	水	168	5	16	15	12	13	9	7	31	52	9
10	龙马环卫	固	167	13	16	15	50	9	7	7	20	21	9
11	万邦达	水	161	4	16	15	12	12	9	43	20	21	9
12	国祯环保	水	159	15	16	15	12	5	10	6	53	18	9
13	中再资环	固	158	7	16	15	50	1	7	33	6	14	9
14	天壕环境	固	157	8	16	15	50	10	7	9	16	18	9
15	京运通	气	157	7	16	15	19	14	11	19	9	38	9
16	环能科技	水	155	7	16	15	12	8	5	47	13	23	9
17	中国天楹	固	153	5	16	15	50	11	6	3	4	33	9
18	维尔利	固	152	4	16	15	50	11	8	10	9	19	9
19	启迪桑德	固	150	8	16	15	50	12	8	7	4	22	9
20	盛运环保	固	149	5	16	15	50	11	15	7	5	16	9
21	科林环保	气	149	3	16	15	19	9	21	2	38	17	9
22	清水源	水	148	4	16	15	12	6	7	32	27	19	9
23	城投控股	固	141	5	16	15	50	9	12	2	4	19	9
24	泰达股份	固	140	5	16	15	50	12	7	4	3	19	9
25	华测检测	监	138	4	16	15	32	7	9	11	3	32	9
26	雪迪龙	监	138	11	16	15	32	10	10	0	5	30	9

排名	企业名称	行业	发展指数	发展基础		发展环境			发展能力				
				企业规模	产业结构	经济因素	政策因素	市场因素	营运能力	融资能力	投资能力	技术创新能力	出口能力
			100%	4%	16%	16%	15%	9%	9%	3%	3%	16%	9%
27	东江环保	固	137	5	16	15	50	6	9	3	4	20	9
28	依米康	气	135	4	16	15	19	12	9	7	23	22	9
29	菲达环保	气	133	6	16	15	19	8	9	4	21	26	9
30	格林美	固	133	4	16	15	50	7	6	4	4	16	9
31	雪浪环境	气	131	29	16	15	19	10	9	3	9	13	9
32	聚光科技	监	131	5	16	15	32	10	10	8	5	21	9
33	汉威电子	监	131	5	16	15	32	12	9	7	10	16	9
34	中金环境	水	128	6	16	15	12	4	8	31	3	24	9
35	盈峰环境	监	127	10	16	15	32	5	9	3	3	25	9
36	金隅股份	固	127	4	16	15	50	8	7	3	3	12	9
37	海陆重工	水	126	8	16	15	12	10	10	9	9	28	9
38	三维丝	气	124	6	16	15	19	10	8	12	6	25	9
39	博世科	水	122	8	16	15	12	9	8	7	11	26	9
40	津膜科技	水	121	4	16	15	12	9	5	18	7	25	9
41	海兰信	监	120	7	16	15	32	6	13	5	4	14	9
42	碧水源	水	120	6	16	15	12	9	8	12	6	25	9
43	中联重科	固	119	5	16	15	50	7	3	3	2	10	9
44	穗恒运 A	气	118	3	16	15	19	6	7	4	22	18	9
45	天翔环境	水	118	6	16	15	12	8	8	7	4	33	9
46	汉王科技	监	116	4	16	15	32	9	8	0	8	16	9
47	渤海股份	水	116	5	16	15	12	4	7	3	31	14	9
48	普邦园林	固	116	4	16	15	50	5	4	1	2	10	9
49	苏州高新	水	116	7	16	15	12	13	9	3	16	15	9
50	大众公用	水	115	4	16	15	12	10	10	6	7	26	9
51	清新环境	气	115	7	16	15	19	7	12	5	3	22	9
52	中电环保	水	114	4	16	15	12	9	10	1	23	15	9
53	隆华节能	水	113	6	16	15	12	9	8	14	9	15	9
54	启源装备	气	111	3	16	15	19	8	8	7	6	20	9
55	力合股份	水	110	3	16	15	12	12	9	12	6	15	9
56	同方股份	气	110	3	16	15	19	8	11	4	3	22	9
57	山大华特	气	108	6	16	15	19	6	6	3	9	20	9
58	威孚高科	气	107	8	16	15	19	8	8	2	5	18	9
59	科融环境	气	106	4	16	15	19	8	6	6	8	15	9
60	中山公用	水	106	5	16	15	12	8	12	3	5	20	9
61	高能环境	修	105	4	16	15	2	10	7	2	9	31	9
62	瀚蓝环境	水	104	4	16	15	12	8	8	8	8	17	9

排名	企业名称	行业	发展指数	发展基础		发展环境			发展能力				
				企业规模	产业结构	经济因素	政策因素	市场因素	营运能力	融资能力	投资能力	技术创新能力	出口能力
			100%	4%	16%	16%	15%	9%	9%	3%	3%	16%	9%
63	贵研铂业	气	104	5	16	15	19	6	7	7	4	17	9
64	首创股份	水	103	8	16	15	12	11	8	4	10	10	9
65	银轮股份	气	103	3	16	15	19	9	9	5	4	14	9
66	中原环保	水	103	4	16	15	12	13	11	3	4	15	9
67	华光股份	气	103	3	16	15	19	9	11	3	4	15	9
68	海亮股份	气	103	4	16	15	19	10	8	3	3	16	9
69	同济科技	水	102	4	16	15	12	7	8	9	2	20	9
70	众合科技	水	102	4	16	15	12	8	18	5	2	13	9
71	龙净环保	气	102	4	16	15	19	9	9	0	3	18	9
72	兴蓉环境	水	102	4	16	15	12	9	8	7	4	17	9
73	湘潭电化	水	101	15	16	15	12	8	1	4	2	19	9
74	葛洲坝	水	100	4	16	15	12	7	9	5	5	18	9
75	科达洁能	气	99	4	16	15	19	5	9	3	3	17	9
76	绿城水务	水	99	4	16	15	12	7	7	7	4	17	9
77	远达环保	气	99	4	16	15	19	8	9	1	1	18	9
78	江南水务	水	98	4	16	15	12	10	11	1	2	16	9
79	兴源环境	水	97	4	16	15	12	6	9	5	4	18	9
80	信雅达	气	97	6	16	15	19	9	8	3	1	11	9
81	洪城水业	水	96	3	16	15	12	8	10	3	3	17	9
82	创元科技	水	95	3	16	15	12	8	7	4	3	17	9
83	创业环保	水	94	3	16	15	12	12	9	1	3	15	9
84	铁汉生态	修	94	4	16	15	2	8	8	6	7	20	9
85	东湖高新	气	94	6	16	15	19	5	5	3	5	11	9
86	安泰科技	气	92	3	16	15	19	7	−1	6	6	13	9
87	漳州发展	水	82	5	16	15	12	4	−2	2	3	18	9
88	国中水务	水	81	3	16	15	12	8	−2	10	1	8	9
89	美尚生态	修	80	5	16	15	2	8	6	8	0	11	9
90	铁岭新城	水	37	2	16	15	12	2	−37	2	0	16	9

参考文献

[1] 国发[1990]64 号，关于积极发展环境保护产业若干意见[S].

[2] Diener B J，Terkla D. The environmental industry in massachusetts：From rapid growth to maturity[J]. Corporate Environmental Strategy，2000，7（3）：304-313.

[3] Moriguchi Y. Industrial Ecology in Japan[J]. Journal of Industrial Ecology，2010，4（1）：7-9.

[4] Dua P，Miller S M. Forecasting and analyzing economic activity with coincident and leading indexes：The Cas of Connecticut[J]. Journal of Forecasting，1996，15（7）：509-526.

[5] Nancy Olsson，Ulf Johansson. Environmental expenditure statistics：Industry data collection handbook[R].Luxemburg：Eurostat，2005.

[6] Renborg S. Environment Protection Work in the Council of Europe[M]// Annuaire Européen / European Yearbook. Springer Netherlands，1973：42-51.

[7] Stahmer C. Integrated Environmental and Economic Accounting[M]// Social Costs and Sustainability. Springer Berlin Heidelberg，1997：100-118.

[8] KPMG Environmental Services Canadian environmental management survey. KPMG Environmental Services，Canada，1994.

[9] Charles Davis. Fracking and environmental protection：An analysis of U.S.Policies，The Extractive Industries and Society，2017（1）：63-68.

[10] Liu J. Environmental Industry of the United States：Policy Analysis and Lessons Learnt[J]. Journal of Environmental Engineering Technology，2011（1）：88-91.

[11] Ryokichi Hirono. Japan's Environmental Cooperation with China During the Last Two Decades[J]. Asia-Pacific Review，2007，14（2）：1-16.

[12] 王劲峰. 中日两国环境保护产业分类的比较分析[J]. 中国环保产业，2002（4）：31-33.

[13] 国家环境保护总局，国家发展和改革委员会，国家统计局. 2004 年全国环境保护相关产业状况公报[R]. 北京：国家环境保护总局，国家发展和改革委员会，国家统计局，2006.

[14] 丁言强，王艳. 环境经济综合核算 2003[M]. 北京：中国经济出版社，2005.

[15] 环境保护部，发展改革委，统计局. 2011 年全国环境保护相关产业状况公报[R]. 北京：环境保护

部，发展改革委，统计局， 2014.

[16] 中国环境保护产业协会.中国环境保护产业发展报告[R].北京：中国环境保护产业协会，2015.

[17] 高广阔. 环境产业经济学[M]. 上海：上海财经大学出版社， 2010.

[18] 张宏军. 西方外部性理论研究述评[J]. 经济问题，2007，330（2）：14-16.

[19] 徐国祥，杨振建. PCA-GA-SVM 模型的构建及应用研究——沪深 300 指数预测精度实证分析[J]. 数量经济技术经济研究，2011，28（2）：135-147.

[20] Daley D M，Layton D F. Policy Implementation and the Environmental Protection Agency：What Factors Influence Remediation at Superfund Sites？[J]. Policy Studies Journal，2004，32（3）：375–392.

[21] 胥树凡. 新常态下环保产业发展特点及思路[J]. 环境保护，2015，43（8）：17-20.

[22] Jasny B R. Industrial Organization[M]// Wiley Encyclopedia of Management. John Wiley & Sons，Ltd，2015：38-39.

[23] 胥树凡，刘砚华. 我国环保产业发展现状及对策[J]. 环境保护，1997（2）：39-41.

[24] Mariana V，Mirela G. Regards About the State Intervention in Improving the Negative Externalities of the Environment [J]. Annals of the University of Oradea Economic Science，2008（3）：628-631.

[25] Considine T J，Larson D F. The environment as a factor of production[J]. Journal of Environmental Economics & Management，2004，52（3）：645-662.

[26] Clarich M. Environmental Protection through the Market.[J]. Diritto Pubblico，2013（7）：219-240.

[27] Shang J，Jia X H. Strategic Countermeasures of Speeding up Development of Our Environmental Protection Industry[J]. Advanced Materials Research，2012，347-353（67-68）：832-835.

[28] 逮元堂，吴舜泽，赵之皓，等. 基于环保投入的区域环保产业发展空间均衡性——以 2004—2011 年为例[J]. 中国环境科学，2015，35（5）：1586-1591.

[29] 李晓西，刘一萌，宋涛. 人类绿色发展指数的测算[J]. 中国社会科学，2014（6）：69-95，207-208.

[30] 程亮，宋玲玲，孙宁，等. 环保产业绩效评价指标体系构建初探[J]. 中国环保产业，2015（5）：33-37.

[31] 薛婕，周景博，丁凯，等. 论环保产业绩效评估框架与指标体系构建[J]. 环境污染与防治，2013，35（11）：88-92.

[32] 廉萌，韩俊. 层次分析法在辽宁省环保产业分析中的应用[J]. 城市地理，2016（2）：187-189.

[33] 李宝娟，王政，王妍，等. 基于调查统计的环保产业发展现状、问题及对策分析[J]. 环境保护，2015，43（5）.

[34] 胡惠林，王婧. 中国文化产业发展指数报告[J]. 中国文化产业评论，2012（2）：33-38.

[35] 马珩，李东. 长三角制造业高级化测度及其影响因素分析[J]. 科学学研究，2012（10）：1509-1517.

[36] 任英华，邱碧槐，朱凤梅. 现代服务业发展评价指标体系及其应用[J]. 统计与决策，2009，13（13）：31-33.

[37] 唐中赋，顾培亮. 高新技术产业发展水平的综合评价[J]. 经济理论与经济管理，2003（10）：23-28.

[38] 韩胜娟. SPSS 聚类分析中数据无量纲化方法比较[J]. 科技广场，2008（3）：229-231.

[39] 喻泽斌，施丽玲. PCA-BP 神经网络在流域水质评价中的应用[J]. 桂林理工大学学报，2012，32（2）：189-194.

[40] 樊红艳，刘学录. 基于综合评价法的各种无量纲化方法的比较和优选——以兰州市永登县的土地开发为例[J]. 湖南农业科学，2010，2010（17）：163-166.

[41] 樊姜姗. 电信企业服务柔性能力评价研究[D]. 北京邮电大学，2010.

[42] "北京市东城区智慧城区评价指标体系研究" 课题组，杨京英，陈彦玲，侯小维，倪东. 智慧城市发展指数研究——北京市智慧城市发展指数测算与实证分析[J]. 调研世界，2013（11）：8-14.

[43] 王小双，张雪花，雷喆. 天津市生态宜居城市建设指标与评价研究[J]. 中国人口·资源与环境，2013，23（S1）：19-22.

[44] 程敏，荆林波. 我国物流产业安全评估[J]. 中国流通经济，2015（4）：33-41.

[45] 孙康，李婷婷. 中国石化产业产能过剩测度及预警[J]. 财经问题研究，2015（5）：29-34.

[46] 吴良兴. 综合指数法在合成氨企业清洁生产评价中的应用[J]. 陕西师范大学学报（自然科学版），2008（s1）：85-87.

[47] 郑春东，和金生，陈通. 企业技术创新能力评价研究[J]. 中国软科学，1999（10）：108-110.

[48] 傅涛. 新常态下环境产业发展趋势分析[J]. 环境保护，2015，43（1）：32-33.

[49] 北极星环保网. 产业环保化将加剧环保行业竞争[EB/OL]. http：//huanbao. bjx. com. cn/news/20170716/837297. shtml.

[50] 李静. 新型城镇化带来环保产业利好[N]. 经济参考报，2013-10-14（007）.

[51] 马维辉. 环保监管催生市场发展 环保产业从"差不多"进入"精益化"[N]. 华夏时报，2016-07-29（7）.

[52] 国家发改委、科技部、工业和信息化部、环境保护部. "十三五"节能环保产业发展规划[Z]. 2016.

[53] 刘思峰，等. 灰色系统理论及其应用[M]. 北京：科学出版社，2010.

[54] 刘润芳. 基于灰色关联度分析的房地产上市公司业绩评价[J]. 工业技术经济，2008（12）：148-150.

[55] 李优柱，易新福，郑明洋. 农业信息化投入对农业产出贡献率评价研究[J]. 科技进步与对策，2012（24）：143-146.

[56] 程晓娟，韩庆兰，全春光. 基于 PCA-DEA 组合模型的中国煤炭产业生态效率研究[J]. 资源科学，2013（6）：1292-1299.

[57] 邓聚龙. 灰色控制系统 [M]. 武汉：华中工学院出版社，1982.

[58] 邓聚龙. 灰色控制系统[M].2 版. 武汉：华中理工大学出版社，1985.

[59] 梅振国. 灰色绝对关联度及其计算方法[J]. 系统工程，1992（5）：43-44.

[60] 水乃翔，董太亨，沙震. 关于灰关联度的一些理论问题[J]. 系统工程，1992（6）：23-26.

[61] 何文章，郭鹏. 关于灰色关联度中的几个问题的探讨[J]. 数理统计与管理，1999（3）：25-29.

[62] 魏勇，高彦琴，曾柯方. 邓氏关联度的局限与关联公理的演变[J]. 应用泛函分析学报，2015，17（4）：391-399.

[63] 刘思峰，杨英杰，吴利丰. 灰色系统理论及其应用[M]. 7 版. 北京：科学出版社，2014.

[64] 王茂林，冯雷鸣，王冠辉. 天津市制造业与物流业联动发展灰色综合关联度分析[J]. 物流技术，2013，32（23）：141-143.

[65] 崔煜晨. 环保行业为何唤不起民间投资热情？[N]. 中国环境报，2016-06-21（009）.

[66] 李彪. 2015 年我国污染治理投资近 9000 亿 环保投入仍显不足[EB/OL]. 2017[2017-06-15]. http：//www. nbd. com. cn/articles/2017-06-15/1117584. html.

[67] 苏明，刘军民，张洁. 促进环境保护的公共财政政策研究[J]. 财政研究，2008（7）：20-33.

[68] 马维辉. 曲格平：环保投资占 GDP 比重须达到 2%以上[N]. 华夏时报，2014-06-05（017）.

[69] 董战峰，袁增伟，等. 大气污染防治行动计划（2013—2017）实施的投融资需求及影响[R]. 北京：中国清洁空气联盟秘书处，2015.

[70] 吴向阳，韦雪娇. 我国民营企业研发投入与产出质量的现状分析[J]. 中国统计，2014（7）：21-23.

[71] 张艺，麦杰明. 晒晒环保上市公司研发费用 这五家一年半投入都不及 1000 万元[EB/OL]. 2016[2016-10-08]. http：//www. jiemian. com/article/886784. html.

[72] 孙仁斌. 中国环保产业技术落后世界先进水平 10 年以上[N]. 国际先驱导报，2015-05-19（25）.

[73] 余敦涌. 环保产业发展指数测算与企业效率分析[D]. 天津工业大学，2017.

后　记

构建环保产业发展指数是一项具有挑战性的工作，为了完成这项工作，2016 年初，在原环境保护部大力支持下，中国环境保护产业协会和天津工业大学环境经济研究所联合成立了攻关小组，历时两年多的研究与实践，形成了目前的成果，以专著的形式呈现给大家，希望能为以后环保产业发展指数测评提供一个样板和规范，同时为相似产业发展指数的测评提供参考和借鉴，也希望能够帮助社会各界更好地了解近年来我国环保产业的发展状况及发展趋势。

本书共由 4 个部分组成。

第一部分是理论与方法篇，着重分析和论述了环保产业特征及发展需求，并以其为基础构建了环保产业发展指数指标体系，确定相应的指数测评方法。本书所构建的环保产业发展指数指标体系经历了 3 次调整，由最初的 4 个一级指标和 55 个具体指标，调整为最终的 3 个一级指标和 26 个具体指标。指数构成由繁至简，具体指标的代表性也越来越显著。调整过程也存有遗憾，由于数据质量的限制，在实际的发展指数测评中，割舍了环保产业环保贡献这个重要的一级指标。此外，本书发展指数的合成涉及三项主要内容：①采用比值法进行统计指标的去纲处理；②运用主客观相结合的方法确定分指标权重；③采用算术加权法进行最终的发展指数的合成。本部分由滕建礼、柴蔚舒等执笔。

第二部分为 2015 年度中国环保产业发展指数测评报告，其以中国环境保护产业协会开展的 2014 年和 2015 年重点调查的 300 多家企业为样本，测评中国环保产业发展指数，并进行了细分领域比较分析。测评结果显示：2014—2015 年，中国环保产业整体发展态势总体向好，产业规模持续增长，产业结构调整向好，城镇化进程的加快和环保政策的利好抵消了经济下行的影响，投资和融资活动活跃，创新领跑效应显著；在细分领域方面，固废处理与资源化领域发展指数排名第一，环境监测领域发展指数排名第二，水污染治理领域发展指数排名第三，大气污染治理领域发展指数排名最末；环保产业标准和规制的出台及相关的产业发展优惠政策的实施可以有效促进市场需求和拉动资本集聚。本部分由王妍、赵子骁等执笔。

第三部分为2015年度中国环保上市公司产业发展指数测评报告，其以沪深A股90家环保上市企业为数据样本集，进行产业发展指数测评。测评结果显示：以环保上市公司为样本集的产业发展指数低于重点企业样本集，但与宏观经济形势相比，两类样本集表现出的产业发展态势及其在经济增长中的作用相一致；上市公司发展指数构成中的向下拉项分别是发展基础中的产业结构、发展环境中的市场因素和发展能力中的营运能力及创新能力；向上拉分项是融资能力和投资活跃度。总体而言，与重点调查企业相比，上市公司还有非常大的进步空间。本部分由李宝娟、许文博等执笔。

第四部分为环保产业环境贡献核算。虽受数据质量的影响该项一级指标在实际的指数测评中并未纳入，但我们仍希望在条件成熟时它能成为环保产业发展指数测评的重要内容。因此，本部分较为详细地介绍了环保产业在治理环境污染方面的产出的测算方法，构建了环保产业环境贡献指标体系，提出了分账户碳（减）排量的核算方法，并以典型的环保企业为例，介绍了具体的测算方法。本部分由张雪花、冯婧等执笔。

回顾项目研究和全书的写作过程，有很多需要感谢的人和事。首先感谢参加项目开题论证的陈尚芹、韩伟、吕奔、逯元堂、周景博等专家和学者，他们在研究框架、研究内容、指标选取和描述等方面提出了很多宝贵的建议。其次感谢参加我们往复三轮问卷星调研的环境领域的专家、学者、企业家朋友，有原环境保护部的相关领导、中国环境保护产业协会的同事、相关部门的同志，以及来自社会各界的朋友，他们每一次认真而及时的反馈，都是给予我们的最重要的支持和帮助。2016年底，我们利用前期收集到的数据开展了试测评工作，在试测评过程中遇到了一些瓶颈：①环境污染去除量数据问题，这类信息重点企业调查数据无法支撑，上市公司的相关数据也未列入报表，环保产业环境贡献很难准确量化测评；②政策影响的科学评估问题，试测评使用的几个表征指标（如新增法规数量和标准数量）都使得环保产业发展指数对政策的影响不甚敏感，这显然与事实不符；③生产函数的总结提炼问题，受样本数量的限制，细分领域后生产函数的回归效果不佳，很难得出有价值的结论。在千头万绪难于理清的情况下，我们邀请到胥树凡、易斌、张宏伟、徐鹤和魏亚平几位专家，为项目研究出谋划策，指点迷津。经过持续4个多小时的热烈讨论，我们找到了上述问题的答案。其一，环保产业发展产生的正外部性，是制定相关产业政策的依据，因此准确评估环保产业对环境污染去除的贡献很重要。数据质量差一定会影响测评结果，为了保证指数测评的准确性，环保产业发展指数的构成可以暂时先去掉这一项，一方面先提供一个较为客观的测算方法，另一方面为条件成熟后该项指标的加入预留入口。其二，政策因素是环保产业发展最重要的环境因素，其理应为一个敏感指标，社会环保投资可以间接反映政策对环保产业的支持力度，因此可以用此项指标作为政策因素的考量指标。其三，生产函数回归可以直接服务于政府决策和企业管理，是个能够产生效益的管理科学问题，需要通过大样本积累和回归才能真正解决，因此建议项目组将其作为一个长期目标跟踪研究，而目前宜把主要精力放在环境产业发展指数构建上。这是一次决胜性质的会议，通过论证我们理清了思路，聚焦目标，继续前行。最后，感谢参加项目验收的胥树凡、李忠、周景博、贾品荣和王海琴几位专家，他们对成果的高度肯定增强了我们的信心，也为今后开展更深入的研究指明了方向。

正如原环境保护部科技标准司副巡视员胥树凡所希望的，我们将在此领域开展持续研究，解决环保产业环保贡献的数据问题、环保产业生产函数的回归问题、全要素生产率测度问题及产业效率时空分布问题等，通过不断积累，形成系列著作，弥补本书留下的遗憾。在此也期待相关专家、学者、企业家，以及关注本项目的各界朋友给予我们持续的关注、支持和帮助！

环保产业发展指数研究项目组

2018 年 6 月 20 日